新コロナシリーズ ㊹

音の生態学

―音と人間のかかわり―

岩宮 眞一郎 著

コロナ社

まえがき

ここ十年ぐらいの間に、「音」に対する関心が高まってきた。各地で、音環境デザインが試みられ、音名所や残したい音風景選定事業が行われている。音に関する環境教育に取り組むグループもある。「サウンドスケープ（音の風景）」という言葉も、知られるようになってきた。

本書は、このような「音」を巡る様々な動向を、「音の生態学」という枠組みで総括したものである。「音の生態学」という概念を持ちだしたのは、「音」を人間とのかかわりで捕らえたとき、従来の伝統的な「音響学」の枠組みでは対処できなくなってきたためである。「音の生態学」とは、音響学を越えた「音」の「学」なのである。

「音」は、「音」だけが孤立して存在するのではない。風景の中に、あるいは社会の営みとともに存在する。「音の生態学」が扱う「音」は、自然の営み、人間の営みの中で聞こえる音である。「音の生態学」が対象とする「音」は、単なる空気の物理的な振動を指すのではない。「音の生態学」は、人間が聞いている音を対象とする。愛着を覚える音もあれば、忌み嫌う音もある。日常生活の中の音もあれば、記憶の中の音もある。文芸に表現された音もあれば、映像に組み合わされた音もある。自然の音、音楽、街にあふれる騒音、それらすべてが「音の生態学」の対象となる。そんな「音」を、体系的に論じるのが、本書のねらいである。
本書は、デシベルや周波数といった音響の専門用語を用いた専門書ではない。日常の言葉でつづった「音物語」である。本書を通して「音」の面白さ、奥深さを実感していただけたら幸いである。

岩宮　眞一郎

二〇〇〇年四月

もくじ

1　音の生態学・序章

2 サウンドスケープ・デザイン

3　音名所、残したい音風景、音環境モデル都市事業

4　都市公園で聞く音

5

歳時記に詠み込まれた日本の音風景

6　外国人が聞いた日本の音風景

7　しずけさ考

8　音楽と映像のマルチモーダル・コミュニケーション

1　音の生態学・序章

音の生態学序説

われわれは、さまざまな音に囲まれて暮らしている。ある音は、快適な音として日常生活に潤いを与えてくれるが、快適な環境を脅かす音もある。また、同じ音でも人により受け取り方は異なる。ある人にとって快いと受け取られる音でも、別の人にとっては騒音となることもままある。「音の生態学」は、このような音と人間のかかわりを論じる総合的な学問分野である。音の生態学が対象とする「音」は、単なる物理現象としての「音」ではない。人間によって知覚され、意識された「音」なのである。

音の生態学は、カナダの作曲家マリー・シェーファーによって提唱された（シェーファー、一九八六)。シェーファーは「サウンドスケープ」の概念の提唱者として知られているが、音の生態学というのはサウンドスケープに関する学問分野と位置づけられる。

シェーファーが実際に提唱している言葉は「acoustic ecology」で、「音響生態学」とも訳される。しかし、acoustic ecology は人間が聞いた音を対象とする学問分野である。物理的な音のイメージが強い「音響(acoustic)」より、「音(sound)」を使った方がふさわしい。そこで、本書では「音の生態学」を用いることとする。

シェーファーは、音の生態学をサウンドスケープが人間に与える影響についての総合的な学問分野であると位置づけている。その内容として、「サウンドスケープの重要な特徴を記録し、その相違、類似傾向を書き留める。絶滅にひんしている音を収集する。新しい音が環境の中に野放図に解き放たれる前にそれらの影響を調べる。音が持っている豊かな象徴性(人間が音にどんな意味づけを行っているか)を研究する。異なった音環境における人間の行動パターンを研究する」などが挙げられている。

さらに、私は音の生態学をテレビ、映画、マルチメディアといった映像メディアにまで対象を広げて捕らえたい。もちろん、シェーファーもラジオやテレビの音も、サウンドスケープとして捕らえている。私は、より積極的に映像メディアにおける音の役割、音と映像の相互作用などの問題も「音の生態学」という枠組みで捕らえている。

サウンドスケープ

サウンドスケープというのは、sound（音）と～scape（～の眺め／名詞語尾）の複合語で、視覚的な景観（landscape）に対して、音の風景、聴覚的景観といったことを意味する。この言葉は、マリー・シェーファーが、音に対する思い入れを表現するために生み出したものである。彼は視覚文化に偏りがちな世間の風潮に対し、聴覚文化の復権を主張する。

シェーファーは、一九三三年カナダ生まれで、作曲家、音楽教育者、そしてサウンドスケープ研究家として知られている。いずれの分野でも高い評価を得ているが、それはそれぞれ独立した活動を行っているというものではない。彼の各活動は有機的なつながりを持ち、一つの理想に至る別の経路と位置づけられる。

サウンドスケープの思想は、「地球規模の自然界の音から、都市のざわめき、人工の音、記憶やイメージの中の音まで、われわれを取り巻くありとあらゆる音を一つの『風景』として捕らえる」という考え方である。サウンドスケープを研究対象とした学問分野が「音の生態学」である。音の生態学では音を物理的存在として捕らえるだけでなく、さまざまな社会の中で生活する人々がどのような音を聞き取り、それらをいかに意味づけ、価値づけているのかまでを研究対象とする。

例えば、私たちは水の音を聞いて、ただ水の音だと認識するだけではない。水音から涼しげなイメージ、清涼感を覚え、快さを感じることができる。清涼感を覚えることが「意味づける」ことになり、快さを感じることが「価値づける」ことなのである。

音は、単に聴覚的印象を生じさせる、物理現象なのではない。音は、意味を喚起、触発する一種のメディア（媒介）としての機能を持つ。サウンドスケープの視点とは、特に音の持つシンボリックな意味作用を重視した立場を意味する。音の生態学では、地域を象徴する音、人々が愛着を憶える音、逆に忌み嫌う音などを研究対象とする。

つまり、サウンドスケープの視点とは、音環境を一つの文化として捕らえる姿勢である。別の視点から見れば、音という観点から文化を捕らえるということになる。

サウンドスケープ思想の特徴

風景としての音環境

サウンドスケープの思想の特徴の一つは、「音をめぐる要素主義からの脱却」ということである（鳥越、一九九七）。それは、音をバラバラに切り離して捕らえるのではないことを意味する。つまり、音を音環境全体の中で、さらには、視覚も含めたトータルな意味での風景として、把握しようという姿勢を意味する。また、社会の文化との関連も考えなければならない。サウンドスケープとは「風景としての音環境」なのである。

これに対し、従来の伝統的な音響学はともすれば、個々の音をバラバラにして、それらの「音響的性質」のみに執着してきたきらいがある。音の生態学は孤立した個々の音ではなく、風景の中の音を対象とする学問分野である。

意味論的音環境

もう一つの特徴は、音環境といったときの「環境」について、機械論的環境観から意味論的環境観へと見方を変えていこうという姿勢である（瀬尾、一九八六）。この考えは、もともとドイツの動物行動学者フォン・ユクスキュルの考えに基づく。

機械論的環境観というのは、「環境は、その中に住む主体とは無関係に存在する周囲の物理的状況であり、主体に対して一定の刺激として作用する」という考え方である。音環境に当てはめると、「音を物理的音響事象として、その量的側面のみを扱ってきた従来の自然科学的アプローチ」ということになる。例えば、高速道路周辺で騒音測定をし、騒音レベルが何デシベルあったか、という表現がこれに当たる。

これに対して、意味論的環境観では「環境は主体によって意味づけられ、構成された世界である」と考える。この考えを音環境に適用すると「日々の生活において、実際に聞かれている音環境の把握」ということになる。

つまり、サウンドスケープの思想の特徴は、音と人間とその音の聞かれた（出された）状況（コンテキスト）の相互作用を重視した立場である、ということができる。音の生態学は、音と人間とコンテキストのかかわりに関する学問分野なのである。

サウンド・エデュケーション

シェーファーは、「騒音公害は人間が音を注意深く聴かなくなったときに生じるのであり、騒音とはわれわれがないがしろにするようになった音である」と述べている（シェーファー、一九九二）。私たちは、テクノロジーの発展に伴って派生してきた不要な環境音を受け入れてしまった。そして、われわれが音に対する感受性を失ったときに、騒音公害が広まってきたというのである。

シェーファーは音楽家の姿勢に責任があるという。音楽家は音を楽音と騒音に二分して、楽音のみをいい音、快い音として環境の音の美的価値を認めてこなかった。「いい音」は、コンサート・ホールの中で純粋培養され、それ以外の音はないがしろにされてきたのである。その結果、街に騒音がのさばってきたのである。

シェーファーは、劣悪の極みに達している現代の音環境を救うには、環境の音に対して美的な態度で接する「聴覚文化の回復」が必要なことを主張している。

高度なテクノロジーに支えられた現代社会からみると、随分遠回りの感を受ける。しかし、シェーファーは従来の音響専門家の取り組みに対するもどかしさから、こういった考えに至ったのである。シェーファーは彼らを「本当のところは、自分たちの職を失わないよう騒音を保存することに関心を持っている」と批判している。

シェーファーは、現代の音環境をなんとか修復しようと啓蒙活動に乗り出した。彼は環境音を美的に聴く態度を養えば、騒音に黙っていられなくなると考えている。環境の音に耳を傾け、音に対する豊かな感性を身につけることこそが快適な音環境創造への唯一の道だというのである。

シェーファーの教育理念に基づく著書が、音に関する百の課題集（サウンド・エデュケーション）である（シェーファー、一九九二）。課題集は「聞こえた音をすべて書きなさい」、日常生活を音でつづる「音日記をつけなさい」のような身近な課題から始まる。そして、「地域社会のシンボルとなるような音（サウンドマーク）を探しなさい」のように、社会の音文化と向き合うような課題へと進む。さらには、「全権を与えられたと仮定して、都市の音環境をデザインする」ような課題に至る。

シェーファーは音環境に対して感受性に富む人を育て上げ、この人たちの力によって快適な音環境を造り上げようとしているのである。

シェーファーの考えに触発され、現在では地方自治体や市民活動家などによって、さまざまな音に関する環境教育が試みられている。自分たちの暮らす町のどこからどんな音が聞こえるのかを地図の上に表す「音の地図（サウンド・マップ）」はその一例である。そのねらいは音の地図作りを楽しみつつ、音に対する豊かな感性を養うことにある。

鳴き砂――「音」を媒介としたエコロジー

音を媒介とした環境保全活動を試みているグループもある。その一つが「鳴き砂」の保全活動である。

鳴き砂というのは、砂浜を踏みしめると、キュッキュッと砂がこすれあう音がする砂のことである。摩擦係数の大きい石英の砂粒を多く含む砂浜で、このような音が聞こえるのである。

ただし、鳴き砂は汚染に弱い。浜辺が少しでも汚れると音を出さなくなる。かつては、日本のいたるところに鳴き砂があったという。しかし、海岸が汚染されるにつれて姿を消してしまった。いまでは二十数か所でしか確認されていない（図1）。

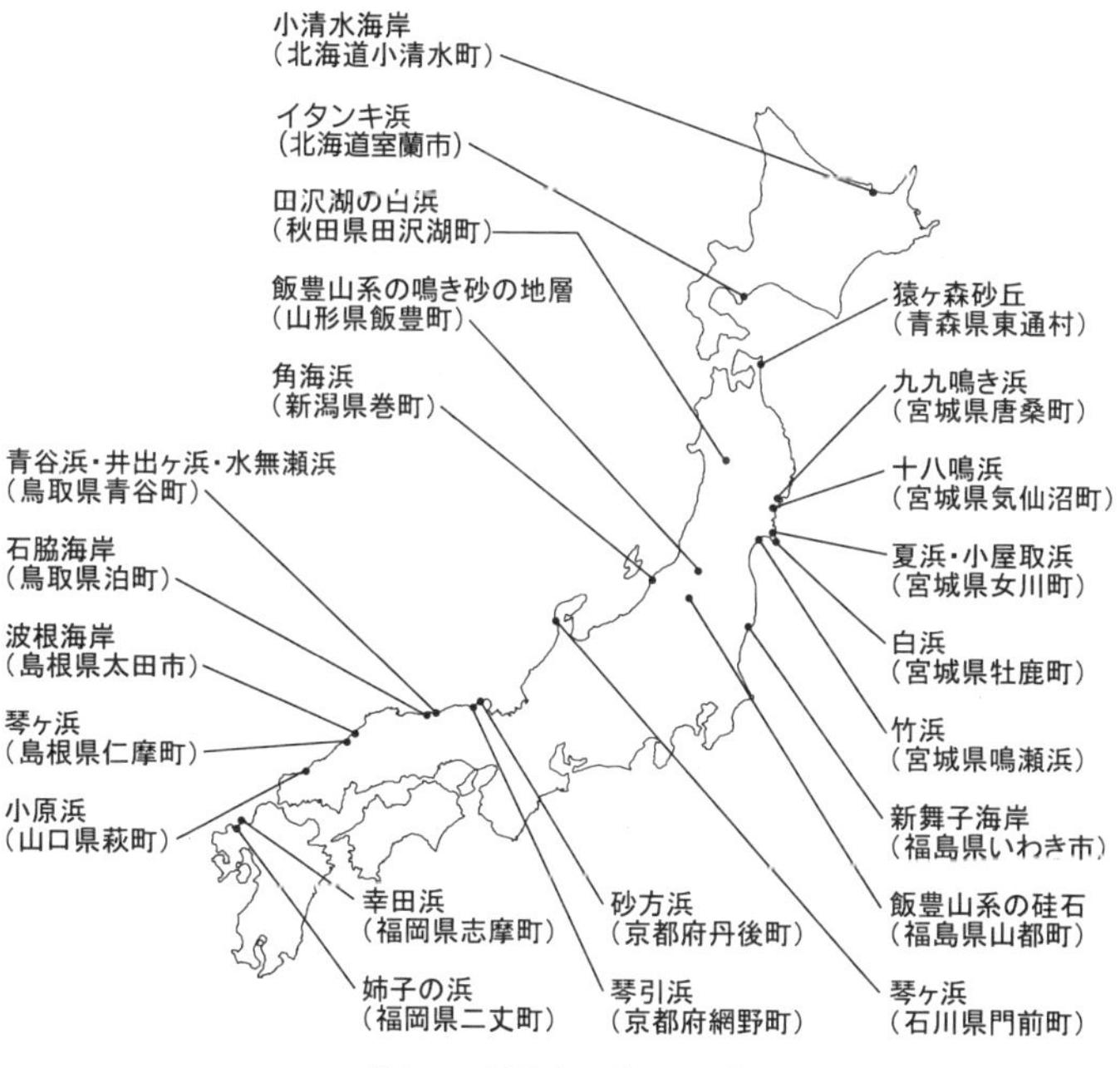
小清水海岸
（北海道小清水町）
イタンキ浜
（北海道室蘭市）
田沢湖の白浜
（秋田県田沢湖町）
飯豊山系の鳴き砂の地層
（山形県飯豊町）
角海浜
（新潟県巻町）
青谷浜・井出ヶ浜・水無瀬浜
（鳥取県青谷町）
石脇海岸
（鳥取県泊町）
波根海岸
（島根県太田市）
琴ヶ浜
（島根県仁摩町）
小原浜
（山口県萩町）
幸田浜
（福岡県志摩町）
姉子の浜
（福岡県二丈町）
砂方浜
（京都府丹後町）
琴引浜
（京都府網野町）
猿ヶ森砂丘
（青森県東通村）
九九鳴き浜
（宮城県唐桑町）
十八鳴浜
（宮城県気仙沼町）
夏浜・小屋取浜
（宮城県女川町）
白浜
（宮城県牡鹿町）
竹浜
（宮城県鳴瀬浜）
新舞子海岸
（福島県いわき市）
飯豊山系の硅石
（福島県山都町）
琴ヶ浜
（石川県門前町）

図 1　全国鳴き砂マップ

各地で鳴き砂を守る会が組織され、その保全活動に努めている。「鳴き砂」を意識することが海辺の環境保全活動につながっている。島根県仁摩町では、砂の博物館（サンド・ミュージアム）を作り、鳴き砂を町の観光資源として生かすとともに、啓蒙活動にも力を入れている。

このような活動は、音に対する美意識、いい音を守りたいという思いがモチベーションとなった環境保全活動といえる。

京都府網野町の琴引浜の鳴き砂（「鳴り砂」ともいう）は、昭和の初めに訪れた与謝野晶子が「松三本この陰に来る喜びも共に音となれ琴引きの浜」と詠んだことで知られる。ここでも、住民グループによって「鳴き砂」が守られてきた。ところが、一九九六年二月大変な事故がおきた。ロシアのタンカー、ナホトカ号が座礁して重油が流出し、琴引浜まで押し寄せてきたのである。鳴き砂は壊滅状態に陥った。しかし、守る会のメンバーやボランティアの必死の重油回収作業によって、鳴き砂は復活した。テレビ番組でも紹介されたので、憶えておられる方もいるだろう。

鳴き砂は、福岡市近郊でも二か所で、その存在が確認されている。二丈町「姉子の浜」と志摩町「幸田浜」である。鳴き砂が確認されているのは、九州全体でもこの二か所だけである。その範囲は、非常に限られているが、貴重な財産である。後世に残していきたい音風景である。

自然学としての音の生態学

従来、「音」「音環境」の研究というと、音圧レベルとかスペクトルとかいった一般の人にはなじみのない指標で捕らえた自然科学的アプローチが主流であった。それが、物理学の一分野として発達してきた「音響学」的立場である。

自然科学は、日常から離れ、自立した論理体系を築きあげることを旨とする。自然科学的立場では、「音」を研究対象としながらも、現実の音の姿が見えてこない（聞こえてこない）。周波数や音圧レベルを相手にしても、生きた音の姿は捕らえられないのである。「水」を「H_2O」と表しても、「水」の感触を味わうことができないように。

これに対し、「自然学」では対象としての自然がそのままの形で扱われる。自然学というのは、過度に専門化が進み、閉そく状態の自然科学のアンチテーゼとして、今西錦司（一九八六）や養老孟司（一九九五）らが提唱する総合的学問分野である。

音の生態学の特徴は、聞こえてくる「音」をありのままの形で捕らえる姿勢にある。その意味で、音の生態学は「音の自然学」と位置づけられる。それは「音」の聞こえてくるアプローチでなければならない。

自然学は、還元主義（レダクショリズム）の立場から細分化され、全体が見えなくなった自然科学への警鐘でもある。音の生態学も、レダクショリズムへ陥った音響学が見過ごさざるをえなかった人間とのかかわり、コンテクストとのかかわりを積極的に研究対象とする。音の生態学の学問的意義はそういった点にある。

科学と芸術の接点としてのサウンドスケープ

一九八六年に、シェーファーの著書「世界の調律」が翻訳されて以来、日本でもサウンドスケープの思想が広く知られるようになってきた。一九九三年には、日本サウンドスケープ協会が設立され、現在、会員数は四百人を越えるに至っている。そこには、音響学、音響工学、騒音制御などの分野の科学者や技術者、音楽学や社会学などの文系の学者、環境行政に携わる公務員、音楽教育者といった人から、環境音楽や音響彫刻などの制作活動を行っているアーティストまで、多彩な人たちが参加して、学際的なサロンを形成している。協会の活動も、通常の学会の行うような学術的な研究会だけでなく、コンサートや、音環境に関する啓蒙活動など多岐に渡っている。

国際的には、音の生態学国際会議（World Forum for Acoustic Ecology）が組織され、継続的に国際会議が開催されている。また、国際音響学会議や国際騒音制御工学会などでも、サウンドスケープに関するセッションが設けられるようになってきた。ここでも、従来の音響学に捕らわれない、音にかかわるさまざまな分野からの研究発表が行われている。

　このようなサウンドスケープ思想の広がりの背景には、サウンドスケープの思想が芸術と科学の両方の分野にまたがる学際的な存在であり、両方の側の今日的状況を反映したものであることが大きくかかわっている。

　サウンドスケープの思想は、現代の音楽芸術のあり方を問うことに端を発している。音楽は、かつて森羅万象の営みとともにあった。しかし、いまでは音楽を演奏するための装置（楽器）によって、音楽を聴くためだけの空間（コンサート・ホール）で、純粋培養された存在になってしまった。シェーファーは、その結果、聴衆は音楽の音のみに美的価値を認め、環境の音をないがしろにするようになってしまったと嘆く。人々は、環境音に対する豊かな感受性を失い、産業構造の変化に伴う音環境の劣化を受け入れてしまったのである。

　シェーファーの作曲活動は、自らの作品を通して、環境音の美的価値に対する感受性を取り戻そうとする啓蒙活動でもある。彼の作品は、音楽を媒介として、聴衆を環境の音に対して心を開かせる一種の音響装置と言えるだろう（鳥越、一九八六）。自然の営みの中に演奏家を配置し、自然の音環境の中で音楽を奏でさせる。聴衆も同じ空間で聴いている。聴衆は音楽を聴く態度で、同時に環境の音にも心を開いていく。環境の音に対して、音楽を聴く耳で接するのである。そして、聴衆は音に対する感性を取り戻す。彼らが、環境の音に美的価値を認めたとき、自らの意志により、世界のサウンドスケープを改善していくのである。

サウンドスケープの思想が広まろうとしていた時期は、騒音問題に対する取り組みが、量的側面から質的側面への転換を迫られる時期でもあった。交通騒音や産業騒音の問題は、量的な規制により一定の成果を上げることができたが、メンタルな面の影響が顕著な近隣騒音に対しては、別の対応が求められていた。また、同じ頃、音環境の快適性（アメニティ）に対する要求も、顕在化していた。このような状況が科学、技術の側にもあり、さまざまな分野において、いかに人間の感性を取り込むかが問われていた。

そんな状況の中で、シェーファーの教えに学び、新たな観点から音環境の問題に取り組もうという考えを持った科学者や技術者が登場する。彼らは主体とかかわりなく存在する物理的な存在としてではなく、主体によって意味づけられた文化的状況として、音環境を把握しようという姿勢をとり始めたのである。私も、その一人であると自負している。

しかし、このような姿勢は、「扱う対象の意味を離れて、論証を実証的に行うことを旨とする」科学の思想と矛盾する（平松、一九九二）。サウンドスケープの観点から音環境の問題に取り組むためには、科学という思想の枠組み（知の枠組み）を変革していく必要があるのである。科学が人類の福祉と幸福に役立つ存在であるために、サウンドスケープの思想は、現代の科学のあり方を問いかけているのである。

サウンドスケープの思想，それは芸術と科学の接点から，両者の存在意義を問いかける存在なのである。

むすび

サウンドスケープの特徴と，サウンドスケープを研究する学問分野としての「音の生態学」とはどのようなものかを論じてきた。音の生態学は学際的な分野であり，身近な生活の音，自然の音，メディアの音などあらゆる音を人間とのかかわりの中で研究する。そして，音がわれわれの日常とどうかかわっているのか，われわれにどのような影響を与えているのかを考察するのである。

私は，音の生態学の研究を通して「音」の面白さを伝えていきたい。シェーファーが音楽作品によって，「音」の啓蒙活動を行っているように。

2　サウンドスケープ・デザイン

音風景をデザインする

サウンドスケープの思想が一般に広まるとともに、環境の中での音のデザインに対する関心が高まってきた。空間デザインに音のデザインを生かすさまざまなアプローチも試みられている。各地のJR、私鉄、地下鉄などで行われている発車ベルを音楽にするといった試みも身近な例である。また、商業空間などでその空間の特性に応じた独自の音、音楽を流し、トータルな空間演出を試みた例も増えてきた。BGM（バックグランド・ミュージック）を流すだけであった従来の音環境に対する発想は、大きく変容しつつある。

「サウンドスケープ・デザイン」とは、音、音楽を用いて、空間の音環境をトータルにデザインする試みのことである。本章では、サウンドスケープ・デザインの実施例を紹介するとともに、そのあり方を考察する。

「サウンドスケープ・デザイン」と同様の意味で「音環境デザイン」という言葉が用いられる場合もあるが、混乱を避けるために本書では、「サウンドスケープ・デザイン」に統一した。

思想としてのサウンドスケープ・デザイン

サウンドスケープ・デザインというのは、いわゆる、テクニックとしてのデザインとは異なる。むしろ、思想として位置づけられられるべきものである（鳥越、一九九七）。

サウンドスケープ・デザインは、いろいろな分野のデザインとかかわってくる。直接的に音を対象としたデザイン活動のみならず、一般的なデザイン活動とも関連する。私は、むしろ一般的なデザイン分野こそ、サウンドスケープ・デザインの概念の導入が意義深いのではないかと思う。

音を対象とするデザイン活動というのは、例えば、地域のシンボルとして音の出るモニュメントを導入しようという場合などが考えられる。こういったデザインを行うにあたって、導入しようとする音がそこの音環境、あるいは視覚的な景観と調和したものでなければならない。さらには、その音がその地域の社会、文化的背景から考えておかしくないものかどうかまで問題にする必要がある。こういった音に対するきめ細かな配慮がサウンドスケープ・デザインなのである。

一般のデザイン活動に対しては、従来「視覚的なもの」が中心だったそれらのデザイン諸領域に対し、「ランドスケープ」に本来含まれている「音および聴覚的要素」をより明確に認識しなおすということが、サウンドスケープ・デザインに相当する。視聴覚間でバランスのとれたデザイン、ひいては、五感のバランスのとれた景観や空間を実現しようということである。「音」を媒介として、環境に心を開いていくデザインが理想とされる。例えば、ウォーター・フロント開発などを行うときに、視覚的な水辺の風景だけではなく、水の音によってもたらされるサウンドスケープも、デザインの対象に含めるといったことがサウンドスケープ・デザインになる。

デザイン・レベルに応じたサウンドスケープ・デザイン

サウンドスケープ・デザインは、さまざまなデザイン・レベルに位置づけることができる（鳥越、一九九七）。さまざまなデザイン・レベルとは、規模の大きなものから、都市デザインレベル、都市計画レベル、環境設計レベル、空間設計レベル、装置設計レベルなどである。

都市デザイン・レベルでは、「音名所の選定」「サウンド・ウォーク（街の音探し）」などのイベントによって、都市のイメージを音から掘り下げる試みが考えられる。

都市計画レベルでは、サウンドスケープの発想を生かした敷地計画、環境設計レベルでは、サウンドスケープの発想を生かしたゾーン計画などが考えられる。ウォーターフロント開発計画への「水辺の音風景」は、その一例といえるだろう。

空間設計レベルでは、建造物、舗装面の素材を音響特性から検討するといったことが考えられる。例えば、足音、話し声などによる空間の響きを空間設計に生かそうという試みがありえよう。

装置設計レベルでは、サウンド・オブジェ、サウンド・インスタレーションとかいわれる音の出る構造物（彫刻など）、カリヨンや鐘などを用いたからくり時計などが考えられる。

サウンドスケープ・デザインのあり方

サウンドスケープ・デザインを行う上で重要な点は、バランスのとれた音環境を創造しようという姿勢である。具体的には、デザインの対象となる空間の音を環境性の音、情報性の音、演出性の音などに分類し、それぞれを最適化するとともに全体としてバランスのとれた音環境を創造することである（中村、竹下、一九九六）。

環境性の音とは、デザインの対象となる空間に存在する自然の音、にぎわい、ざわめきなどである。また、その空間に騒音が存在する場合は、これも環境性の音と位置づけられる。サウンドスケープ・デザインを考えた場合、環境性の音の特徴を把握することが基本となる。それはある空間のデザインを考える際に、景観の特徴を把握する必要があるのと同じことである。場合によっては、騒音を制御することからサウンドスケープ・デザインが始まる。

情報性の音とは、アナウンス、時報、危険を知らせる緊急信号などである。これらの音に関しては、本当に必要な音が必要とされる音質で提供されているかどうかを、吟味しておかなければならない。特に、日本では不用なアナウンスが多く、騒音になっているとの指摘もある。また、提供されている音が歪《ひず》んでいるため、アナウンスの内容が聞き取れないこともままある。多くの場合、情報性の音の整理が必要となる。

演出性の音とは、音によって空間の演出を図るものである。音楽や効果音を流すなどが一般的であるが、時報やアナウンスの直前に入るサイン音でも演出性を考慮したものも多い。特に、演出性の音を導入するにあたって、音環境のバランスは重要である。決して、演出性の音だけをデザインしてはならない。環境性の音、情報性の音との調和を図る必要がある。従来のBGMは、音楽で代理環境を作り上げるようなきらいがあったが、サウンドスケープ・デザインは、環境と共生するデザインでなければならない。

環境との共生というのは、音環境のみに限った話ではない。その空間の視覚的景観との調和も考える必要がある。もちろん、デザインの対象となる地域や社会の文化や歴史なども考慮した上でのサウンドスケープ・デザインが望まれる。

サウンドスケープ・デザインの現況

日本各地で試みられているさまざまなサウンドスケープ・デザインの実例をいくつか紹介しよう。

横浜博覧会でのサウンドスケープ・デザイン

一九八九年に開催された横浜博覧会の中で、サウンドスケープ・デザインを試みたものである。全体計画の指針として「横浜音憲章」を制定し、それに沿ってサウンドスケープ・デザインが試みられた。

博覧会では、音に関するさまざまな仕掛が試みられたが、それぞれの仕掛けは別々のものではなく、全体計画の中で各々の役割を担っている。

海に面した一角は、音と遊べるような空間になっていて多くの子供たちが訪れていた。大地のオルガンパイプは、定時に自動演奏する一方、光センサーで子供たちの動きに合わせて、音楽を奏でていた。音の井戸はそこに向かって呼びかけると、ピッチが変換され変な声になって返ってくる仕掛けである。

音のモールと呼ばれる通りには、五十台のスピーカが道の両側に交互に、二十メートルおきに設置されていた（写真1）。ここから、「横浜の音」「宇宙の音」「海の音」をテーマにした音楽が流されていた。さらに、海に設置されたサウンド・ブイ（写真2）に仕掛けられたマイクを通して、波の音も流されていた。波の音は、この博覧会場が海に開かれたものであることを象徴している。

さらに、迷子案内などの場内アナウンスをやめるといった配慮もなされていた。

写真 1　音のモールで設置されたスピーカ

写真 2　海に仕掛けられたサウンド・ブイ

名古屋庄内緑地公園でのサウンドスケープ・デザイン

名古屋庄内緑地公園のサウンドスケープ・デザインは，公園でサウンドスケープ・デザインを試みた例だ（吉村，一九九〇）。

公園の入口近くのふれあい橋には，カプセル型のスピーカが取り付けられている。そして，そこから六，七秒の音が一分ぐらいの周期で鳴らされている。小鳥のさえずりのような小さな音で，気づかずに通り過ぎる人もいるくらいだ。この橋を渡ると巨大な噴水が空高く吹き上げていて，ダイナミックな水の音の空間を作っている。ふれあい橋に仕掛けられた音は，この噴水音のプロローグの役割を果たしている。この通路は，「水音の通り道」と名づけられた。

ほかにも，風に反応してチューブ状のベルを叩いて音の出る風の鐘と題されたモニュメントも配置されている。あまり風が強すぎる場合には，逆に音が鳴らないように配慮した仕掛になっている。

ここは，単に面白い音を発するだけのものではなく，音も風景のなかにアクセントを与える一要素として楽しめるような環境を目指している。その点，公園の中でＢＧＭを流すといったものとは，一味違ったサウンドスケープ・デザインになっている。もちろん，こういった仕掛は，周辺との兼ね合いを考えたデザインでなくてはならない。

滝廉太郎記念館におけるサウンドスケープ・デザイン

「荒城の月」「花」で知られる作曲家、滝廉太郎が十二歳から十五歳までを過ごした家を、大分県竹田市が買い上げて、滝廉太郎記念館として一九九二年にオープンした。この家のサウンドスケープが廉太郎の感受性を育て上げ、後に数々の名曲を生み出す源の一つとなったと考えらえる。

記念館では、「滝廉太郎の聞いた竹田の音を復元し、来館者がそれを追体験できる」ことを基本コンセプトとして、サウンドスケープ・デザインを行った（鳥越、一九九七）。竹田特有の「竹の響き（竹の葉が触れ合うサラサラという音）」を聞かせるために、孟宗竹を植えた。「雀の鳴き声」が聞こえるように、雀の食べる実のなる木を植えたり、水飲み場を作った。さらに、当時多くの人が下駄を履いて暮らしていたことを考慮して、その響きを復元するために下駄を用意して、来館者が履いて歩き回れるようにしている。

暗渠《あんきょ》となっていた溝川も復元された。当時、家の前の溝川はポコポコ音を立てていた。その音は、「溝川のおさん」という伝承の妖怪の立てる音とされていた。記録によると、廉太郎はその音が恐くてしょうがなかったという。

札幌高架下屋内街路「音の遊歩道」

ＪＲ札幌駅の高架下の屋内街路で実施されたサウンドスケープ・デザインが，「音の遊歩道」である（中村，竹下，一九九六）。図2に，そのデザイン・コンセプトを示す。

この空間は細長く直線的な形状であるため，単調で圧迫感のある空間になっており，それを音による演出で救おうとの考えのもとに，サウンドスケープ・デザインが施された。空間的な広がりを持たせるために，演出性の音の導入が図られた。歩行者に対する環境演出を図るために，床の素材を場所によって変化させた。歩くにつれて足音の響きが変わり，環境の多様性を感じさせてくれる。

演出音としての音楽は，ＣＤに収められたオリジナル曲（吉村　弘　作曲）が用いられている。街路を二つのゾーンに分け，それぞれ三台のＣＤをリピート再生している。ただし，録音時間が異なるため，同じ組合せが流されることはない。また，春夏（五月から九月）と秋冬（十月から四月）で曲や再生時間を変え，季節感を感じさせている。

最近では，このようなサウンドスケープ・デザインは，いろいろなところで見かける（聞かれる）ようになってきた。福岡市も，岩田屋から地下街への通路に設けられた「カッパの泉」（写真3），天神（福岡市の中心で，九州一の繁華街）地下街の「からくり時計」，新天町の「カリヨン」

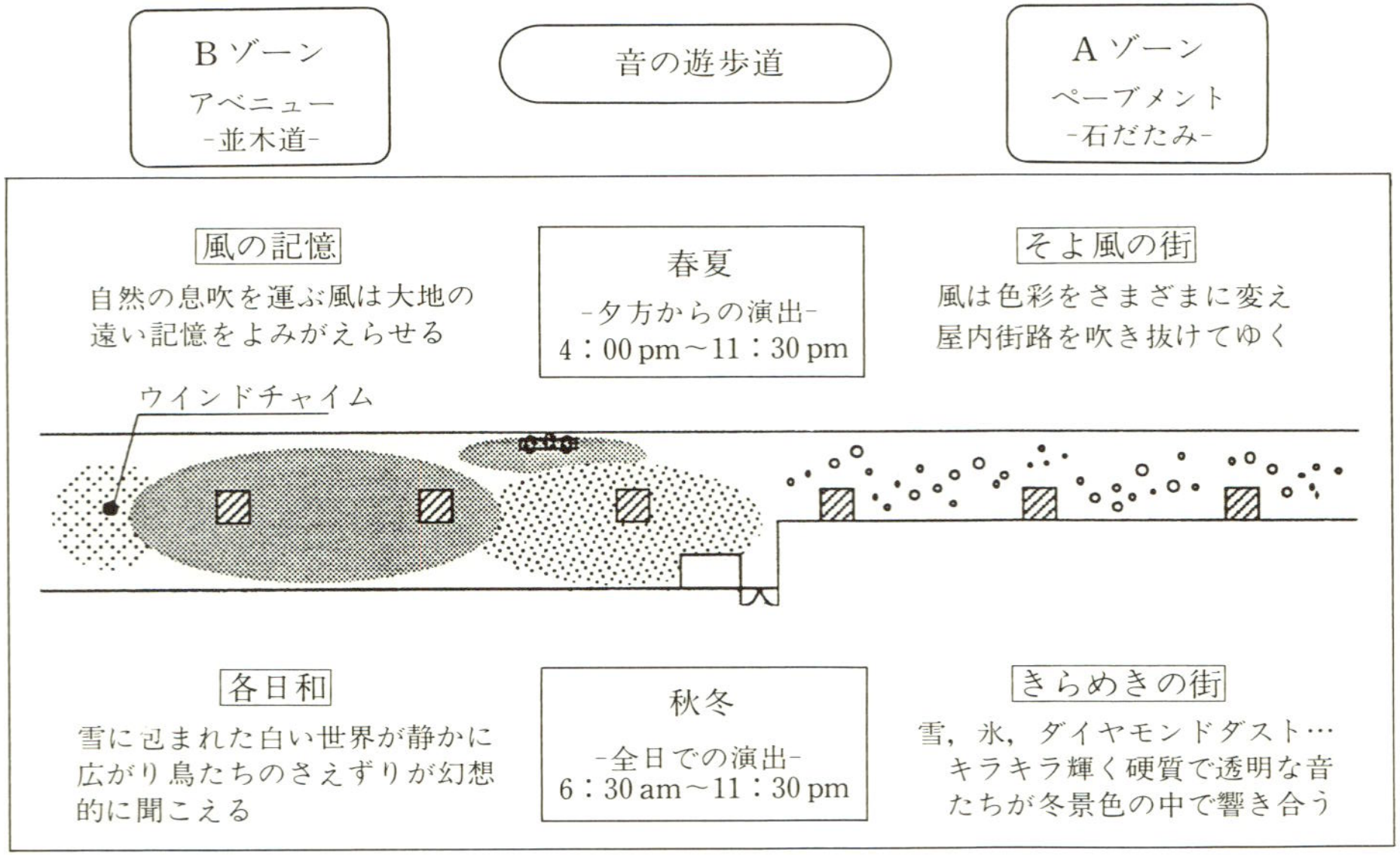
Bゾーン
アベニュー
-並木道-
音の遊歩道
Aゾーン
ペーブメント
-石だたみ-
風の記憶
自然の息吹を運ぶ風は大地の
遠い記憶をよみがえらせる
春夏
-夕方からの演出-
4：00 pm～11：30 pm
そよ風の街
風は色彩をさまざまに変え
屋内街路を吹き抜けてゆく
ウインドチャイム
各日和
雪に包まれた白い世界が静かに
広がり鳥たちのさえずりが幻想
的に聞こえる
秋冬
-全日での演出-
6：30 am～11：30 pm
きらめきの街
雪，氷，ダイヤモンドダスト…
キラキラ輝く硬質で透明な音
たちが冬景色の中で響き合う

図 2　札幌高架下屋内街路「音の遊歩道」デザイン・コンセプト

(写真4)、三越の「ウエルカム・サウンド・サービス」など「街を歩けば、サウンドスケープ・デザインと出会える街」になりつつある。

写真 3　カッパの泉：噴水に合わせて「ピュー」というユーモラスな効果音と音楽が鳴らされる

写真 4　カリヨン：毎定時違ったメロディーを奏でる

都市のサウンドスケープ・デザイン

都市デザイン、都市計画などのレベルでも、サウンドスケープ・デザインの思想を取り込もうとしている地方自治体も増えてきた。地方自治体では、地域の環境のあり方を基本計画や指針などの形でまとめているが、その中にサウンドスケープ・デザインの考え方を取り入れている。

大阪市の「都市のイメージアップ　音のデザイン編」

先駆的な例を一九八九年に大阪市が発行した「都市のイメージアップ　音のデザイン編」にみることができる。この小冊子の「まえがき」によると、この書は「まちづくりの手法としての音のデザインをどのような考えで取り組めばいいのかを探り、そのためのマニュアルづくり」のためのものと位置づけられている。

また、「音空間の設計方法」の章では、具体的に道路の音空間設計、盲人用信号の検討、鉄道案内音の設計、鉄道警笛の設計と運用、公園、広場の音空間設計、公衆トイレのアクセサリー音の設計など具体的なサウンドスケープ・デザインのアイデアも述べられている。鉄道警告音の改善など提言の一部は、すでに実施されている。

横浜市の「音環境配慮指針」

横浜市では、一九九七年に「音環境配慮指針」を制定し、都市の音環境のあり方を示している。横浜の二十一世紀の音環境をより豊かで快適なものにしていくために、「音環境に配慮したまちづくりを積極的に推進する」「横浜らしく、地域に根ざし、自然や歴史・文化などに慣れ親しむことのできる音環境を保全、創造する」「騒音を抑制する」の三点が、基本理念として掲げられている。

さらに、具体的に音環境に配慮したまちづくりの進め方をマニュアル化するとともに、横浜市内のさまざまなエリアにおける快適な音環境イメージが示されている。また、市民、事業者、行政がなすべき役割についても言及され、相互のコミュニケーションを図りながら、それぞれの領域で地域の音環境の形成主体となることができる心構えを持ち、求められている役割を果たしていくことが重要であると結ばれている。

福岡市の「環境基本計画」

一九九七年に策定された「福岡市環境基本計画」の中でも、「音環境の保全」の章で、「快適な音環境創造」についての記述がある。

ここでは、「個性ある音環境の保全」と「地域らしい音環境の形成」の二点を推進していくことが宣言されている。具体的には、「福岡音百選の制定やいい音マップなどを作成するとともに、地域の自然や歴史、生活等を感じさせる音環境の保全」「地域らしいサウンドスケープに配慮したまちづくり」「音探検セミナーなど地域における環境教育・学習の推進と誘導による、地区らしい音環境の形成」などの事業を展開していくことが提言されている。

かつては、サウンドスケープ・デザインの考え方は、一部の研究者やデザイナーが持つ一つの理想に過ぎなかった。しかし、この節で述べたような動きが各自治体で行われており、サウンドスケープ・デザイン、音環境デザインといった言葉が、自治体の基本計画、指針といった公の文書に登場するようになってきた。このことは、サウンドスケープ・デザインがデザインの一領域として、市民権を得つつあることを示すものである。

むすび

以上、サウンドスケープ・デザインについての考え方、その実践例などを紹介してきた。デザイン領域では、音への配慮というのは、後回しにされがちである。予算が真っ先に削れれるのも、「音」である。サウンドスケープ・デザインを導入してみたものの、予算不足でメインテンスが十分でない例もある。ここに取り上げた中にも、現在ではサービスを停止しているものもある。

しかし、デザインとしての感性の差別化に最も効果のあるのは「音」ではないだろうか。音への配慮を忘れないデザイン、積極的に音を取り込んだデザインというのは、そのコストに見合うだけの人を引きつける魅力あるものになるであろう。

3　音名所、残したい音風景、音環境モデル都市事業

音名所、残したい音風景

サウンドスケープの思想の広まりは、地域の音、音環境に対する関心の高まりをもたらした。地方自治体や市民グループによって、各地で「音名所」「残したい音風景」の募集が行われている。いい音、快い音、地域を象徴する音を収集しようという試みである。このような活動を通して地域の音文化を掘り起こし、保全していこうというのである。

音名所の募集は、音と聞く人の関係のデザイン、気づくための仕掛け作りのデザインと位置づけることができる。地域の人々に、こんなところにこんな音があったんだと、気づいてもらうことが重要なのである。

音名所は、音名所と銘打つことで「音名所」になる。音名所選定は、新しい音を作り出すことなしに、サウンドスケープ・デザインを行うことにほかならない（鳥越、一九九七）。

また、音名所に応募する、関心を持つことで身近な音環境に対する関心を高めることが期待できる。音名所の募集は、地域レベルのサウンドスケープ・デザインであるだけではなく、音に関する環境教育の側面もある。

名古屋音名所

名古屋音名所は、名古屋公害対策局が、「親しみを感じ、心が安らぐ生活の音」を公募して、名古屋の十六か所を一九八九年音名所として選定した事業である。名古屋音名所は、この種の事業としては先駆的な役割を果たしたものと位置づけられる。図3は、名古屋市の地図上に選定された音名所を示した、「音地図」である。

八事興正寺の鐘の音（ゴーン）とか、小鳥のさえずり（チュンチュン）、名古屋港の汽笛（ボー）、水鳥の鳴き声、大須界隈のにぎわいなどが挙げられている。市民にとって普段なにげなく聞いている音であるが、バラエティに富んだものになっている。

生活の中の音に興味を持つことで、身近な環境に対する意識を高めることができたのではないかと思われる。

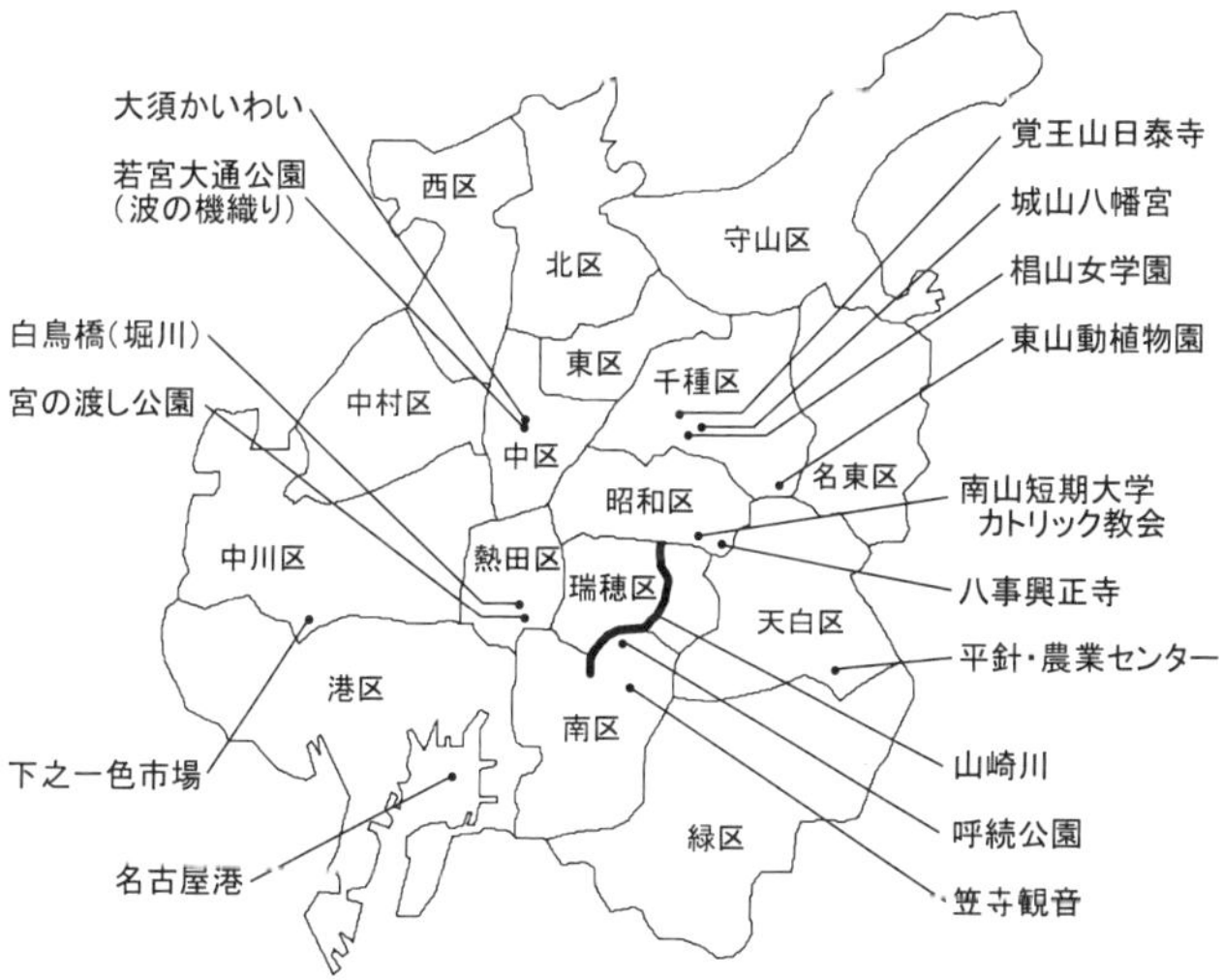
大須かいわい
若宮大通公園
（波の機織り）
白鳥橋（堀川）
宮の渡し公園
下之一色市場
名古屋港
覚王山日泰寺
城山八幡宮
椙山女学園
東山動植物園
南山短期大学
カトリック教会
八事興正寺
平針・農業センター
山崎川
呼続公園
笠寺観音
西区
北区
守山区
東区
千種区
中村区
中区
名東区
昭和区
中川区
熱田区
瑞穂区
天白区
港区
南区
緑区

図 3　名古屋音名所・音地図

一九八九年五月十一日付の中日新聞によると、この地図の提唱者でもある鳥越けい子を始め四名の有識者が、音が生まれた歴史や社会的背景も考えて、選考作業を進めた旨が紹介されている。鳥越けい子は、その後「残したい日本の音風景百選事業」に至るまで、多くの音名所、残したい音風景事業の選考にかかわってきた。その過程において、後に行われた同種の事業で選ばれる音風景の選考基準形成に、大きな影響を与えたのではないかと思われる。

ながさき・いい音の風景二十選

一九九二年に、長崎の市民グループによって、「ながさき・いい音の名所十選」が企画された。「探して下さい、長崎の音」というキャッチフレーズで、長崎の音名所が募集された。長崎固有の音環境を、街の文化として市民の手で掘り起こし、市民の手で保全していこうというのが、この企画のねらいであった。

実際には、二十か所が選出され、「ながさき・いい音の風景二十選」としてパンフレットにまとめられている。パンフレットには、各音名所が写真と推薦者のコメント付きで紹介されている。

例えば、「神の島」の推薦者はそこで聞こえる印象的な音として、教会のミサの鐘の音、船の音、波の音を挙げている。教会の鐘の音と海の音のコントラストが、独特の雰囲気を醸し出しているようである。この島は隠れキリシタンの歴史があり、そういった歴史的背景もこの島の音風景に深みを与えている。

そのほか、選定された音名所は身近な暮らしにある広場の音、長崎の音を大切にしたい場所、自然環境を大切にしたい場所、記憶の音風景などに分類されている。港町特有の船の音、汽笛、漁港の音といった海にかかわる音が多く含まれているのが特徴となっている。

残したい日本の音風景百選

このような試みは、横浜、北九州、札幌など各地で行われている。それぞれパンフレットや音マップを出版したり、CDを作ったりと広報活動にも力を入れている。一九九六年には、その集大成というべき「残したい日本の音風景百選」事業が環境庁により実施された。一九九六年一月から三月にかけて、二十一世紀に残したい音風景を募集し、七百三十八件の応募を得た。これらの中から、日本の音風景検討委員会により百選が選定された。

私の暮らす福岡市からは、「博多祇園山笠のかき山笠」が選ばれた。ちょうど、NHKの朝のドラマで、「山笠」をテーマにした「走らんか」が放映された直後であり、タイムリーだったようである。山笠は七月初めに豪華絢爛の飾り山笠の展示が始まり、七月十五日の追い山（写真5）でクライマックスを迎える。この追い山の出発を告げる太鼓の音、かき手の「オイサッ、オイサッ」の掛け声、一番山の歌う「博多祝い歌」の大合唱などが特徴ある音となっている。

写真 5　追い山（博多祇園山笠記録隊
より掲載許可）

写真 6　通潤橋：豪快な水音が印象的

そのほか、オホーツク海の流氷（北海道）、横浜港の汽笛（神奈川県）、広島の平和の鐘（広島県）、矢部町（現在は、山都町）の通潤橋《つうじゅんきょう》（写真6）（熊本県）など地域を象徴するにふさわしい音が選定されている。

一九九七年より百選で選ばれた各地が、持ち回りで年に一回、音風景保全全国大会を開催している。この大会では、主催地での音風景にかかわるさまざまな活動の紹介、音風景に関する講演会やディスカッション、ワークショップなどが行われている。

福岡市の音環境モデル都市事業

環境庁は、また、地方自治体や市民グループの音環境に関する活動を支援するために、音環境モデル都市事業を展開してきた。実際の事業は地方自治体に委託される。委託された自治体では、音名所選定、音にかかわるイベント、地域の音の文化、歴史の掘り起こしなどの事業を展開している。

私の住む福岡市でも、一九九六年度から一九九七年度にかけて、音環境モデル都市事業に取り組んできた（岩宮、一九九八）。ここでは、私がかかわった事業について、感想も交えながら紹介しよう。

小学生とその保護者、留学生に対する音環境調査

市内の小学生とその保護者に対する調査は、福岡市内の二十一の小学校を対象として行われた。福岡らしい音風景、残したい音風景などを自由記述形式で回答してもらった。回答として得られた音は、「山笠」や「どんたく」といった伝統ある祭りの音風景、海の音や波の音、川の音、鳥の声などの豊かな自然環境の音であった。

留学生に対する音環境調査は、私のアイデアが採用されたものである。ほかの地方では例がない。われわれとは文化的背景の異なる外国人が捕らえた日本（福岡）の音環境の特徴を調査した。この調査により、ちょっと風変わりな日本の音風景論が展開できたのではないかと思う。詳しくは、6章で紹介する。

音の科学展

音の科学展といかめしく銘打っているが、小中学生を対象としたイベントである。そんなに堅苦しいものではない。子供が作った音の出るおもちゃの展示と手作りの楽器によるパフォーマンスを楽しんでもらいながら、「音」に親しんでもらおうというのがこの企画のねらいである。

手作り楽器のパフォーマンスは、私の大学のガラクリエイト（私が顧問を務める大学公認サーク

ル）の学生たちに協力してもらった。彼らは、身の回りにあるものはなんでも楽器にしてしまう。ゴミ箱から拾ってきたような箱やスプリングを利用して楽器を作ったり、壊れた楽器をそのまま使ったりして、演奏活動（？）をしている。ちなみに、ガラクリエイトとは、ガラクタとクリエイトを合わせた造語だそうである。ガラスのコップを使っての「ガラスの少年時代」という曲の演奏は、結構受けが良かった。

子供達がどれだけ「音」に関心を持ってくれたかはわからないが、楽しいイベントになったことは間違いない。

残したい福岡の音風景二十一選

残したい福岡の音風景選定事業に関しては、市政だよりなどを通して「残したい音風景」を募集し、一、五一五件の応募があった。これらに小学生と保護者、留学生への調査結果からの意見も加味して、「残したい福岡の音風景選定委員会」（私も委員の一人）で検討し、二一か所が選定された。一挙に紹介しよう。

博多祇園山笠――山笠は、環境庁の「残したい日本の音風景百選」に入っていることもあり、当初、別格扱いを考えていた。しかし、「山笠があるけん博多たい」ということで、結局入れることになった。

油山市民の森――福岡市民の憩いの森である。四季折々の野鳥の声が楽しめる空間である。

室見川・金屑川のユリカモメ――ユリカモメは福岡市の鳥。白い花を散らしたように群れ飛ぶ姿とにぎやかな鳴き声は、海に開かれた福岡を象徴する渡り鳥としてふさわしい存在である。

立花山・三日月山のホトトギス――立花山・三日月山は、福岡市東部の代表的ハイキング・コースで、野鳥の声が堪能できる。

坊主ヶ滝――豪快な水音が堪能できる。水不足で悩む福岡市にとって、貴重な水源の一つでもある。

博多どんたくのしゃもじ――「博多どんたく」も、福岡市の代表的な祭りの一つ。おしゃもじ（杓子《しゃくし》）を打ちならしながらの行列は、どんたくの名物。博多のごりょんさん（おかみさん）が祭りに浮かれて、杓子を持ったまま外に出ていったのが起源だそうである。でも、なぜ二本杓子を持っていたのかは、疑問である。

生の松原の風音――生の松原は、福岡市を代表する松原。松籟《しょうらい》（風にゆれる松の音）が聞けるのではとの情報が寄せられたが、確認はできなかった。

ホタル舞う室見川――福岡市を代表する清流である。ホタルの乱舞するせせらぎが、心地よい水音を楽しませてくれる。

海の中道の波音――海の中道（写真7）は、福岡市と志賀島を結ぶ細い道である。博多湾のおだやかな波音と玄界灘の荒々しい波音の対比が楽しめる貴重な空間である。

筥崎放生会のチャンポン――ロート状のガラス製の音具で、その名のとおり、チャンポン、チャンポンと鳴り響く。福岡市のもう一つの代表的な祭りである「放生会《ほうじょうえ》」の名物である。

天神の蟬時雨――夏の都会で自然を感じさせる音（主役はクマゼミ）である。（「せからしかビルにしみいる蟬の声―眞一郎」この句で、山寺の蟬をこえられるかな？）

写真 7　海の中道（福岡市環境局より掲載許可）

博多織の機織の音――伝統を伝える音である。手織をいまに伝える人はもう数人と聞くが、いまでも櫛田神社近くの「博多町屋」ふるさと館で実演してくれる。

大相撲九州場所の触太鼓――福岡の街に冬の到来を告げる音である。私自身は、お相撲さんの雪駄の音に季節の移ろいを感じる。

大濠公園の花火大会――福岡の夏の風物詩である。豪快な花火の音が暑さを吹き飛ばしてくれる。ゆかた姿で訪れる女性も多い。

博多にわか――とぼけた滑稽さを演出する話芸の一種で、博多の伝統芸能。博多弁のしゃれが痛快だ。

博多祝いめでた・博多手一本――祝いごとやけじめをつけるときには必須。たたみかけるような博多手一本のリズムは、博多っ子の心意気を象徴するようで、爽快。

キャナルシティの噴水――キャナルシティ博多は、人工の運河を中心に二つのホテル、劇団四季の常設劇場、映画館、ゲームセンター、商店街より構成される「都市の中のもう一つの都市」。噴水のパシャッ、パシャッという水音の独特のリズムがビルの谷間にこだまして、妙に印象的。新しい福岡を象徴する音といえる。

天神地下街のからくり時計――無機質な都市空間で奏でられる、一服の清涼剤といえる。

師走の柳橋連合市場の売り声――柳橋連合市場は、福岡市の台所的存在。正月の買いもののにぎわいは、新しい年の訪れを感じさせてくれる。

御供所地区の除夜の鐘――御供所地区は、黒田藩が寺院を集めた町。古い寺々の梵鐘の音が重なりあい、街の広がりを感じさせてくれる。

福岡ドーム（現在は、ヤフー・ドーム）の歓声――がんばれ！　ダイエー・ホークス（現在は、福岡ソフトバンク・ホークス）、今年こそは……と願っていたら、一九九九年、本当に優勝してしまった。

以上、福岡市を代表する祭り、伝統、自然などバランスのとれた二十一選になっているのではないかと思う。今後、この二十一選をいかに生かしていくかが問われている。

落選した「残したい福岡の音風景」

私が委員会に提出した案は、ひと味違う。私は、つねづね、あちこちで選ばれる「音名所」「残したい音風景」がどうも優等生的で、面白みに欠けると思っていた。そこで、今回はいいチャンスが巡ってきたと思い、ちょっぴりシャレをきかせて意外性のあるものも交えて原案を提出した。残念ながらほとんど落選してしまった。心残りなのでいくつか紹介しよう。

夜中に来るゴミ収集車の音――福岡でしか、聞けない音なのではないか。われわれの生活を支えるため、都市のシステムが夜を徹して動いてくれることを実感させてくれる音である。――このセンス、わかってもらえず、落選。

天神界隈でみかけたサックス奏者（ストリート・ミュージシャン）――あらかじめ録音した伴奏（つまりカラオケ）に合わせて、ソウルフルにサックスを吹くオジサン。サックスの響きがビルの谷間にこだまして、いかにも都市のＢＧＭという感じ。わかっていただけます？――わかってもらえず、あえなく、落選。

博多の総鎮守、櫛田神社の鈴の音――鐘の音は、あちこちの音名所で必ず選ばれるありがちな音である。しかも、日本固有の音ではない。神社の鈴の音は、初詣などでおなじみのはずだが、あまり音名所には選ばれていない。日本固有の音でもあるのに。全国にさきがけて、神社の鈴の音を見直そう運動を展開しよう。――意外と人気がなく、落選。

むすび

以上紹介してきたように、ここ十年ほどの間に、音環境をめぐってさまざまな事業が展開されてきた。いまこのような事業をどう発展させていくのかが問われている。「音の生態学」はその道しるべとなるべき学問分野である。

4　都市公園で聞く音

福岡市植物園におけるサウンドスケープ調査

日常生活の中で、われわれはどのような音に愛着を感じ、どのような音に不快感を感じるのであろうか？　また、その場にふさわしい音、ふさわしくない音とはどのような音なのだろうか？　こういったことを地道に調査していくことが音の生態学の基本であろう。

本章では、都市公園を対象として行った音環境調査（岩宮、中村、佐々木、一九九五）をもとに、人間がそこにある音をどのように捕らえているのかを考察する。さらに、調査結果をふまえて、都市公園におけるサウンドスケープ・デザインのあり方について検討を加える。

調査対象となった福岡市植物園は、市民の自然とのふれあい、ならびに憩いの場となっている。

この植物園を訪れる人々は、植物園のサウンドスケープをどのように捕らえ、どのような印象を持つのだろうか？　本調査ではこれらのことを明らかにするために、植物園を散策中に印象に残る音についてのアンケート調査を行った。

なお、環境条件の均一化を図るために、アンケート調査はあらかじめコースを指定して散策してもらった被験者に対して行った。各被験者には、散策終了後、印象に残っているすべての音を記入してもらい、それぞれの音の好き嫌いとそれが周りの景観と合っているかどうかについての評価を行ってもらった。

なお、季節によるサウンドスケープの違いを見るため、調査は一年間に渡って行った。調査は、一九八八年に行ったものである。調査には、福岡市植物園の全面的な協力を得た。

大ざっぱに、多くの被験者に好まれた音、周りの景観と合うとされた音がどのような音であるかを見定めるために、「好感度」と「合致度」という指標を定義した。好感度は、ある音に気が付いた人の数に、好き嫌いの平均評価値を掛け合わせた値である。多くの人に気づかれ、高い値の評価を得ている音ほど好感度が高い。合致度はある音に気がついた人数に、景観と合う合わないに関する平均評価値を掛け合わせた値である。多くの人に気づかれ、景観と合うという評価値が高い音ほど合致度は高い。

一年を通して集計したものを表1に示す。表1には、回答数が二十件以上あった音を示す（被験

表 1　福岡市植物園において印象に残った音と
その音の1年を通しての好感度と合致度

音の種類	返答数	好感度	合致度
壁泉の音	53	1.38	1.33
水生植物園の流水の音	27	0.88	0.93
広場の噴水の音	29	0.75	0.91
鳥の声	27	0.64	0.72
木の葉のざわめき	22	0.51	0.80
風の音	34	0.25	0.55
足　音	23	0.05	0.19
子供の声	36	−0.01	0.60
外部騒音	21	−0.15	−0.47
人の声	67	−0.21	−0.01
飛行機の音	25	−0.49	−0.72
トイレの位置を示すチャイム	46	−0.54	−1.44
園内放送	36	−0.76	−0.80

＋：好きな，景観と合っている
−：嫌いな，景観と合っていない

表 2　福岡市植物園において印象に残った音と
その音の各季節における好感度

音の種類	冬	春	夏	秋
壁泉の音	1.15	1.10	1.65	1.63
水生植物園の流水の音	1.0	0.57	1.79	0.77
広場の噴水の音	0.98	0.71	0.97	0.67
鳥の声	1.03	0.32	0.48	0.71
木の葉のざわめき	0.58	0.90	0.99	1.37
風の音	−0.18	0.07	0.53	0.57
足　音	0.0	0.02	0.17	0.02
子供の声	−0.5	0.34	−0.05	−0.11
外部騒音	0.0	−0.33	−0.18	−0.51
人の声	−0.39	−0.34	−0.15	−0.15
飛行機の音	−0.4	0.0	−0.37	−1.19
トイレの位置を示すチャイム	−0.7	−0.61	−0.59	−0.25
園内放送	−1.41	−0.93		−0.68

表 3 福岡市植物園において印象に残った音とその音の各季節における合致度

音の種類	冬	春	夏	秋
壁泉の音	1.2	0.96	1.26	1.88
水生植物園の流水の音	1.0	0.74	1.36	0.63
広場の噴水の音	0.78	0.96	1.31	0.60
鳥の声	1.34	0.32	0.55	0.65
木の葉のざわめき	0.63	1.3	1.21	1.37
風の音	0.61	0.49	0.58	0.51
足　音	0.2	0.04	0.22	0.3
子供の声	0.7	0.74	0.12	0.84
外部騒音	−0.98	−0.44	−0.29	−0.76
人の声	−0.47	0.11	0.06	0.04
飛行機の音	−1.08	0.1	−0.55	−1.29
トイレの位置を示すチャイム	−1.35	−1.42	−1.66	−1.31
園内放送	−1.53	−0.83		−0.83

表 4　福岡市植物園において印象に残った音に対する印象

音の種類	印　象
壁泉の音	涼しい(3)，気持ちいい，すがすがしい，落ち着く，心がなごむ
水生植物園の流水の音	落ち着く，ほっとする，すがすがしい，いい感じ，涼しい
広場の噴水の音	涼しい(2)，さわやか，すがすがしい，安らぐ，みずみずしい
鳥の声	気持ちいい(3)，安らぐ(3)，ほのぼのとする，落ち着く
木の葉のざわめき	気持ちいい(3)，さわやか(2)，幸福(2)，不安(2)，心配(2)，不気味(2)，安らぐ，落ち着く
風の音	さわやか(2)，気持ちいい(2)，涼しい，すがすがしい，春っぽい気分
足　音	弾んだ気分
子供の声	うるさい(3)，いらいらする(2)，なごむ(2)，ほほえましい(2)，安らぐ，感心する，元気だな，無邪気だな，楽しい
外部騒音	いらいらする，うるさい
人の声	楽しい(3)，うるさい(2)，落ち着く，疲れる，緊張する
飛行機の音	うるさい(7)，不安(2)，いらいらする(2)，爽快(2)，滅入る
トイレの位置を示すチャイム	特になにも感じない(3)，なにだろうという気分(2)，いい気分ではない(2)，耳につく，うるさい，不思議，懐かしい，引き締まる，場違い
園内放送	うるさい(4)，不愉快で気分が壊れる(4)，子供の頃が懐かしい(2)，場違いで違和感を感じる

者総数六十六名に対して）。表1に示した音の季節ごとの好感度、合致度を表2、表3に示す。さらに、表1に示す音からどんな印象を受けたのかのアンケート調査を自由回答の形式で行った。その結果は表4に示す。

一年を通して好まれる音、嫌われる音

一年を通しての集計（表1）で好感度の高かった音は、「壁泉の音」「水生植物園の流水の音」「広場の噴水の音」「鳥の声」「木の葉のざわめき」「風の音」などの自然音である。特に、上位三位までを水にかかわりのある音が占めているのが特徴となっている。これらの音は、同時に合致度も高く、周りの景観と調和のとれた音でもある。「壁泉」（写真8）は、園の入口正面に設けられた人工の滝で、入口広場のシンボル的存在となっている。「広場の噴水」は、芝生広場の中心に設けられた池の噴水のことをさす。「水生植物園の流水」（写真9）は、園内に人工的に作られた小川で、その流れに沿って植物が植えられている。

「流水の音」の特徴は、そんなに多くの人に取り上げられているわけではないが、評価値が非常に高いことである。小川のせせらぎをほうふつさせる「流水の音」は、音量が小さいため、聞き逃されることはあるが、気がついた人のその音に対する愛着は強い。それに比べて、けっこう豪快な

滝音状の「壁泉」の音は、多くの人に取り上げられている。

比較のために、NHKの調査による「日本人の好きな音」を表5に示す。この調査においても第一位は「小川のせせらぎの音」と水の音である。第六位にも「わき水の音」がある。「小鳥のさえずり」「草原の風の音」「木の葉がざわめく音」といった音もランクされており、われわれの調査で

写真 8　壁　泉

写真 9　水生植物園の流水

好感度の高かった音は、一般的な「日本人の好きな音」とほぼ一致している。

表4によると、好感度の高い「壁泉の音」「水生植物園の流水の音」「広場の噴水の音」などの水の音に対しては、「すがすがしい」「涼しい」「気持ちいい」「落ち着く」といった「快適性（アメニティ）」と関連した印象が中心となっている。

一方、好感度の低い「園内放送」「飛行機の音」といった音は、「うるさい」や「不愉快」などの印象を持たれている。これらの音は騒音として捕らえられている。

「トイレの位置を示すチャイム」は、盲人にトイレの位置を知らせるためのチャイムであるが、好感度よりも合致度の低さに特徴がある。合致度では、この音が最低である。チャイムの人工的な

表5 NHKの調査による日本人の好む音

順位	音の種類
1	小川のせせらぎの音
2	秋の虫の鳴き声
3	小鳥のさえずり
4	風鈴の音
5	波がよせる音
6	わき水の音
7	お寺の鐘の音
8	草原の風の音
9	雨だれの音
10	船の汽笛の音
11	ヒグラシの鳴き声
12	蒸気機関車の音
13	木の葉がざまめく音
14	ピアノを練習する音
15	カエルの合唱
16	チャルメラの音
17	木枯しの音
18	学校のチャイム
19	鳥が羽ばたく音
20	さお竹売りの音

音色が、周りの景観とは調和せず、その結果として嫌われているのである。

表1において、「子供の声」は好感度がほぼ0（好きでも嫌いでもない）となっている。「子供の声」に対しては、「なごむ」とか「ほほえましい」とかのポジティブな意見と、「うるさい」「いらいらする」といったネガティブな意見が、相半ばしているのが特徴的である。また、「子供の声」は、合致度は結構高く、公園のサウンドスケープの中では、市民権を得た音といえるかもしれない。

各季節ごとの好まれる音、嫌われる音

表2によると、「広場の噴水の音」のように四季を通して好感度がそれほど変化しない音もあるが、「水生植物園の流水の音」のように大きく変化する音もある。「水生植物園の流水の音」は、夏に好感度が高く春や秋に低いという傾向がある。この音は、小川のせせらぎをほうふつさせる小さな音で、入園者数の多い春や秋には、ざわめきに埋もれて意識されにくい。その点、入園者数の少ない夏、冬には意識されやすい。そして、夏にはこの音の持つ「さわやか」で「涼しい」印象により、好感度が上昇するのである。

「風の音」は、全季節を合計した場合には、好まれる部類に入る音であるが、冬には嫌われる。

「風の音」は、寒さを際だたせる効果を持つのであろう。「風の音」が、寒さのシンボルとして機能しているのである。ただし、表3に示すように、「風の音」の合致度は、全季節を通して高い値を保ち、各季節なりにその場にふさわしい音として受け入れられている。

「木の葉の音」が、秋に好感度、合致度ともに高くなっている傾向も特徴的である。木の葉が風に揺られてこすれ合う音が、秋を感じさせてくれるのだ。

「子供の声」に対する好感度は、入園者の少ない冬に低く、入園者の多い春に高くなっている。「子供の声」のような音は、入場者が多くにぎわいを感じさせるような音環境の中で、楽しさを感じさせてくれる。

都市公園におけるサウンドスケープ・デザインのあり方

都市公園というのは、都会で暮らす人にとって、自然との対話、気分転換の場である。そのため、自然を感じることのできる水の音などは好まれ、日常生活に引き戻されるような園内放送などの音は嫌われる。

ただし、都市公園で聞こえる「自然音」は、多くの場合、本物の自然から発せられたものではなく、疑似的な自然からのものである。実際問題として、都市部の公園では、本当の自然を求めるのは不可能に近い。しかし，音を媒介にして自然を感じさせる演出というのは必要である。特に，水辺空間の配置は，音環境設計の上からも重視すべき事項である。造園計画においても，水辺のサウンドスケープを考慮に入れた景観設計といったものがあってほしい。

園内放送などは最小限にとどめ，音質に配慮するなどの対策を取る必要があろう。「チャイム」などのサイン音の導入が必要な場合には，周りの景観との調和を図る必要性が示唆された。

む す び

本章では，私たちが行った都市公園のサウンドスケープ調査を紹介した。自然が感じられる音が，好ましい音，景観と合った音とされていた。こういった調査は，サウンドスケープ・デザインを行う際の基礎資料として生かしうるものである。自然との対話が楽しめる環境デザインに，音を生かす方策を探っていきたい。

5　歳時記に詠み込まれた日本の音風景

俳句に詠まれた日本人の音感性

われわれ日本人は、元来、環境の中に美的価値を見い出す文化を保ってきた民族で、音環境に対しても非常に繊細な感性で接してきた。秋の夜長、虫の音に耳を傾け、小川のせせらぎにさわやかさを覚え、鳥の鳴き声に季節の移ろいを感じてきた。また、このような音に対する鋭い感受性が、風鈴、ししおどし、水琴窟といった日常生活にアクセントを添えるような、音を楽しむ文化を築き上げてきたのである。

しかし、騒音にあふれた現代の劣悪な音環境を招いたのは、われわれが環境の音に対する繊細な感受性を失いつつあるせいかも知れない。このあたりで、日本人がどのように音環境とかかわり、どのような音文化を培ってきたのかを問い直してみる必要があるのではなかろうか。本章では俳句に詠まれた音風景を読み解くことにより，日本の音文化についての考察を試みる。

作者の感動を季語に託し，出会ったもの，感じたものを素直に詠み込んだ俳句には，さまざまな状況で捕らえられた音環境が表現されている。俳句の中に表現されたサウンドスケープは，日本人の音感性を通して意味づけられ，音が風景の一要素として聞きなされたものである。それは日常生活の中で，耳を傾け愛着を憶える音のコレクションにほかならない。音の生態学の研究素材としてうって付けである。

本研究で調査対象とした俳句は，「日本大歳時記」および「朝日俳檀」に掲載された江戸時代から現代に至る，音に関する記述のある俳句三，八一〇句である。これらに詠まれた音とその音が聞かれた状況の関係を探るために，音，季節，場所を表6に示すカテゴリーに従って分類した。季節，場所は音が聞かれた状況である。例えば，松尾芭蕉による「風流のはじめや奥の田植えうた」の俳句の場合，音は「唄」，季節は「夏」（「田植え」は夏の季語），場所は「田」と分類される。分析に用いた俳句は，すべてこのように分類が可能なものである。

まず，音と季節，音と場所の関係を探るために，詠まれた音と季節，音と場所の関係をみてみよう（岩宮，永幡，一九九六）。表7に各季節ごとに各音カテゴリー（各音ごとに各季節カテゴリー）に分類された句数，表8に各場所ごとに各音カテゴリー（各音ごとに各場所カテゴリー）に分類さ

表 6　音（その例），季節，場所のカテゴリー

アイテム	カテゴリ
音	水(せせらぎ，清水，潮騒)，雨(雨，あられ，みぞれ)，風，雷，草木(枯れ葉，木の実)，動物，鳥(鳴き声，羽音)，虫，声(人の声一般)，唄(歌，音楽)，売声(物売りの声)，生活(家事の音，仕事の音)，交通(交通にかかわる音)，時(鐘の音など時を告げる音)，祭(祭りにかかわる音)，音具(風鈴，鳴子，楽器)，物音，静寂（しずけさ）
季節	春，夏，秋，冬
場所	海辺，川辺，山，野，田畑，町，村，家，庭，社寺仏閣

表 7　音と季節のクロス表

音	季節			
	春	夏	秋	冬
水	70	114	66	66
雨	19	23	26	32
風	24	22	33	42
雷	20	40	9	11
草木	17	32	49	55
動物	41	60	26	32
鳥	125	179	111	110
虫	13	92	218	4
声	106	135	141	170
唄	30	34	28	14
売声	5	17	4	16
生活	49	64	55	98
交通	10	25	16	20
時	18	19	13	38
祭	46	67	47	64
音具	37	72	94	58
物音	30	35	36	35
静寂	44	80	86	73

表 8 音と場所のクロス表

音	場所									
	海	川	山	野	田	町	村	家	庭	社寺
水	103	117	10	8	15	5	12	23	17	6
雨	1	3	18	12	3	8	3	31	17	4
風	6	4	14	29	7	8	2	30	15	6
雷	5	3	9	14	6	10	3	23	6	1
草木	2	4	47	44	11	5	2	8	26	4
動物	3	19	27	25	19	6	9	21	20	10
鳥	32	27	141	149	25	9	10	55	57	20
虫	11	13	71	61	4	16	16	64	56	15
声	19	28	47	73	41	46	23	206	42	27
唄	8	4	9	10	18	12	5	21	13	6
売声	3	0	1	0	1	30	2	3	1	1
生活	4	4	15	13	35	18	17	118	35	7
交通	22	8	2	2	5	20	7	4	1	0
時	2	1	3	2	1	14	4	18	0	43
祭	8	11	24	5	3	28	20	13	1	111
音具	20	5	28	22	33	32	33	32	24	32
物音	11	7	16	11	5	15	9	31	19	12
静寂	24	12	34	53	26	16	18	43	45	12

れた句数を示す。

俳句に詠まれた音と季節の関係

表7において特徴的なのは、「物音」のように各季節に満遍なく出現するカテゴリーもあれば、「虫（の音）」のように一つの季節（秋）に集中して出現するカテゴリーもあることである。「虫」が詠み込まれた俳句のうち、六七％は秋の句である。「虫」は、季節に対する依存度が最も高い音といえよう。「秋の虫の鳴き声」は、NHKの調査による「日本人の好む音」（表5）においても、第二位にランクされている。このような日本人の音に対するし好が、俳句の中の音環境にも現れているのである。句数をみても「秋の虫の鳴き声」は二百十八句あり、表7中最多である。「鈴虫の声ふりこぼせ草の闇─亜柳」などの句が例として挙げられる。

そのほか、季節に対する依存度が高い音は、「売声、雷、時（を告げる音）」などである。このうち「時」は、冬の句の中に、除夜の鐘の音が詠まれた句が多くあることを反映したものである。こういったところにも、日本の文化に由来した音環境が現れている。「除夜の鐘幾谷こゆる雪の闇─飯田蛇忽」のような句がその例である。「雷」は夏の季語にもなっているので、夏に多いのは当然であろう。「売声」は夏と冬に多くなっている。

逆に、季節に対する依存度が低い音は、「物音、声、祭、雨」などである。これらの音は各季節で満遍なく詠まれている。

俳句に詠まれた音と場所の関係

音と場所のかかわりに関しても，同様に検討してみよう。表8において場所に対する依存度が高い音は，「売声（物売りの声），時，祭，水」などである。「売声」は「町」，「時，祭」は「社寺」，「水」は「海，川」で詠まれることが多い。これらの音は，場所への依存度が強い。逆に，「音具，唄，物音，静寂」などは，場所との結び付きが弱い。

「売声」は，都市の生活の中で，季節の移り変わりを感じさせてくれる数少ない音として，俳句の中では好んで詠まれている。

つぎに，音に対する依存度の高い場所を検討する。一般的傾向として音に対する依存度は，自然空間において高く，人工空間において低い。環境が人工的になるに従って，音と場所の関係が薄れていくのである。最も音と密接に結び付いた場所は「川」で，結び付きの低い場所が「町」である。「川」は「水」と結び付きが強い。NHKの「日本人の好む音」に関する調査における第一位は「小川のせせらぎの音」で，「川」と「水」の組合せの典型例である。「六月の風にのりくる瀬音あり—久保田万太郎」の句にみられるように水の音の持つ清涼感が好まれている。

例外として，「社寺」空間は人工的環境でありながら，「音」に対する依存度が高い。「社寺」空間は「時、祭」の音と結び付きが強く、特異な音環境を形成している。「水とりや氷の僧の沓の音―芭蕉」の句がその例として挙げられる。

「社寺」と「時、祭」の結び付きは、音の場所に対する依存度、場所の音に対する依存度の両面から示されている。それだけ、音と場所の相互依存の強いカテゴリーである。同様の傾向は、「川、海」と「水」に関してもみられる。

俳句に詠まれた典型的な日本の音風景

俳句の中に表現された音を素材として、音と音が聞かれた状況の関係を探ってきた。その結果、「秋の虫の鳴き声」「町に季節の訪れを知らせる物売りの声」「社寺仏閣のサウンドスケープ」「水辺のサウンドスケープ」といった特徴的なサウンドスケープを捕らえることができた。

これらは、われわれの身近に存在するサウンドスケープであり、日常生活に潤いを与えてくれる。しかし、これらのサウンドスケープは、さまざまな環境騒音があふれる今日、意識されないことも多い。快適な音環境を創造するためには、こういった音環境を意識し保全することが求められる。

俳句に詠み込まれた音風景の時代変遷

シェーファーは、サウンドスケープの歴史的な展望を行うためには、「耳の証人の陳述に耳を傾けなければなるまい」と述べている。「耳の証人」とは、文学などに著された「直接に体験した音やよく知っている音についての記述」の書き手のことを指す。

俳句は江戸時代に成立して以来、五七五という凝縮された表現形式を保ち続けているため、同一の条件のもとで時代変遷をたどることができる。俳句の作者は、まさしく「耳の証人」である。本節では、俳句に詠まれた音風景の時代変遷をたどってみよう（永幡、前田、岩宮、一九九六）。

時代区分に関しては、各時代の音環境の類似性を参考にして、「江戸」「近代（明治以降一九八〇年頃まで）」「一九八〇年代（一九八一〜一九八七年）」「平成（一九八八〜一九九一年まで）」の四区分に分類した。「江戸」から「一九八〇年代」までの音環境の変化は緩やかであるが、その後の変化は急激である。

各時代ごとに個々のカテゴリーに分類された音の出現率を図4に示す。図中、時代の移り変わりとともに減少している音として、「雨、鳥、売声、生活」が挙げられる。これらはすべて、「季節感を醸し出す音」である。

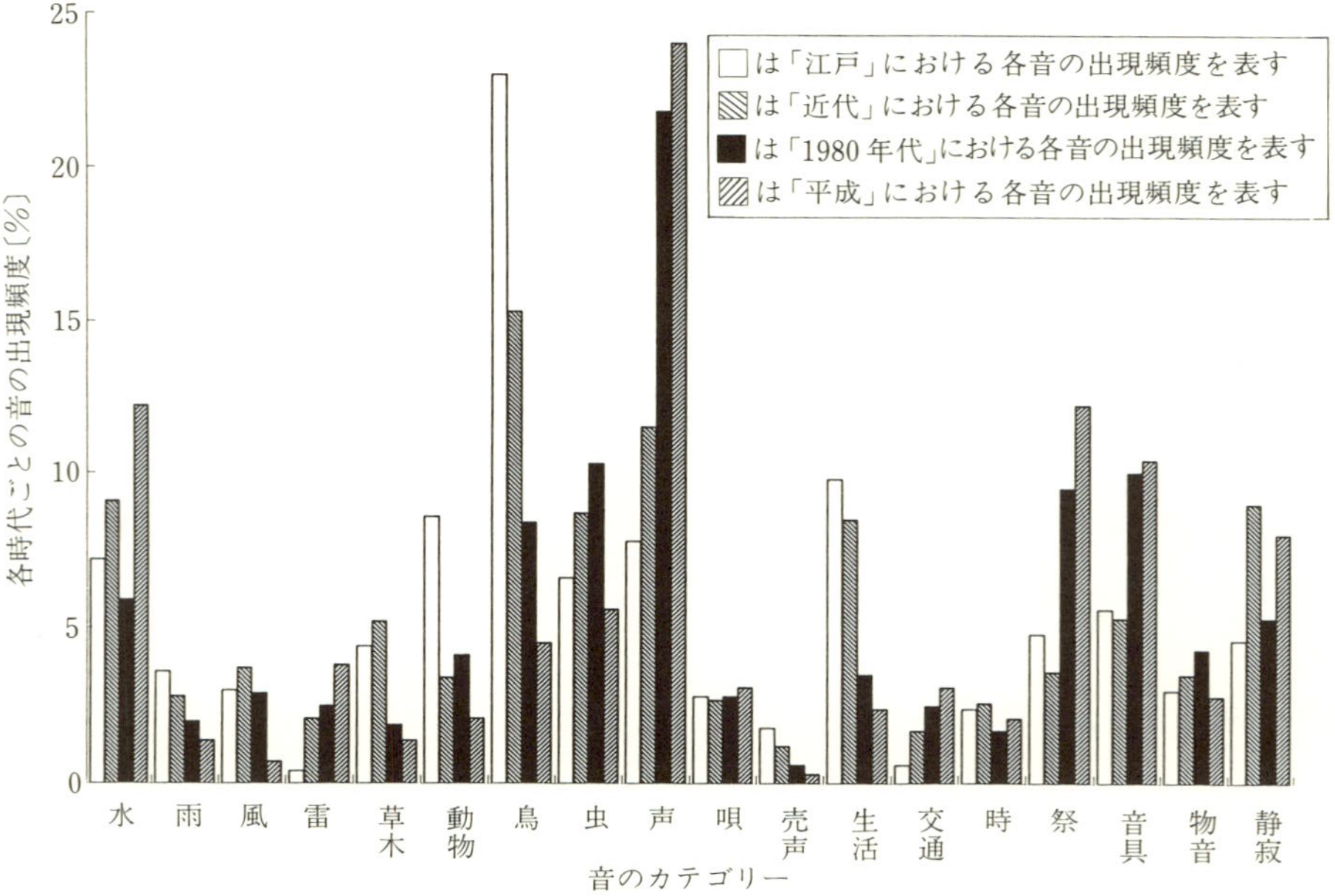

図 4　俳句に詠まれた音の出現率の時代変遷

「雨」の音が詠まれている句は、季節独自の雨音をいかに表現するかで、その句の世界を成立させている。例えば、「川音に勝る雨音梅雨深し―成瀬正俊」（一九八〇年代）と「邯鄲《かんたん》のそれより細き雨音に―山地曙子」（一九八〇年代）の句を比較してみよう。それぞれ、梅雨時の激しい雨音、秋の穏やかな雨音を詠んだ句である。後者の句に登場する「邯鄲」は、鳴く虫の土と呼ばれ、ほかの虫よりも低い「リ、ルルルル」という鳴き声に特徴がある。この句の持ち味は、その邯鄲の鳴き声と秋の雨を対比させたところにある。

「鳥」の鳴き声は、俳句の世界では多くの場合、季節の象徴としての意味を担っている。例えば、「うぐいすの音づよになりし二三日―去来」（江戸）という句においては、うぐいすの鳴き声が春の象徴として詠み込まれている。うぐいすの鳴き声が日増しに強まっていることで、日増しに春めいてきていることを表現しているのである。

物売りの声（「売声」）は、町での季節感を形成する重要な要素であった。「夜のかなた甘酒売の声あはれ―原石鼎」（近代）の夏の夜の甘酒売り（かつて、甘酒は夏の飲み物であった）や、「寝て居れば松や松やと売に来る―正岡子規」（近代）の門松売りのように、物売りは商品とともに季節も運んできた。しかし、このような季節を感じさせる「物売りの声」は、時の流れとともに、われわれの周りから姿を消していったのである。たまに聞こえてくるのは、拡声されたカセットの音だったりする。俳句の世界でも、「物売りの声」はめったに詠まれることがなくなってしまった。

「生活」の中で聞かれる音については、かつて「朝晴れにぱちぱち炭のきげんかな―一茶」（江戸）のように、季節特有の音が多く詠み込まれていた。ほかにも、砧《きぬた》（木槌で布を和らげるのに用いる石のこと。秋の季語）打つ音とか、年木樵《としきこり》（年末に山から薪を切り出して新年に備えること）のような音が、「生活」の音として詠まれていたのである。しかしこのような音は、現代の生活の中では姿を消し、まれにしか聞くことはできない。これらの音に変わって、今日、われわれの生活は家電製品からのノイズと無秩序なサイン音に満ちている。

これらに対して、時代の移り変わりとともに増加してきた音としては、「雷、声、交通」が挙げられる。これらの音の共通点は、「季節との関係が希薄な音」という特徴を持つことである。「声」や「交通」の音が季節を直接象徴することはない。例えば、「声弾む教室明日は冬休み―古賀昭子」（平成）において、「冬休み」が「夏休み」となっても句としては成立する。

また、「雷」の音については、元来、「雷」自体は「春雷、雷（夏）、秋雷、寒雷（冬）」のように、各季節ごとの季語として俳句の中に詠まれていた。例えば、春雷は夏の雷と違って、鳴っても長くは続かない。それを正岡子規は「春雷の鳴り過ぐるなり湾の上」（近代）と表現している。これに対し夏の雷は、「はたゝ神七浦かけて響きけり―日野草城」（近代）のように、ダイナミックに鳴り響いている様子が詠まれている。

しかし、近年の雷の詠まれ方の典型例は、「雷に覚めて遅刻をまぬがれり―糸賀百代」（平成）や

「春雷の耳より覚めてをりにけり―松原かつこ」（一九八〇年代）というもので、季節にかかわらず、突然の大音響に驚いた様子が描かれている。このように、雷の音が元来持っていた季節感が、時代の流れの中で失われていき、その結果、雷の音は、季節との関係の希薄な詠まれ方をされるようになってきたのである。

俳句に表現された音から音環境の時代変遷をたどってきたが、どうも季節に対する象徴性が、しだいに「音」から失われつつあるようである。われわれ日本人は、自分たちを取り巻く音から季節を感じ取るという文化をなくしつつあるのではないだろうか？

俳句に表れた音と地域の結びつき

「音」は地域社会とも密接に結び付き、地域のシンボルとしてそこに暮らす人たちに愛されている例も多く見受けられる。シェーファーは共同体の人々に尊重され、シンボリックな意味を担っている音のことをサウンドマークと呼んでいる。

また、各地域には目でその風景を楽しむだけではなく、耳で豊かな風景が感じられるような「音の名勝」と言えるような場所も存在する。

九州各県の音の名勝とサウンドマーク

俳句の中にも、さまざまなサウンドマーク、音の名勝を読み取ることができる。音の名勝では、多くの俳句が詠まれている。音の名勝で句数の多い音は、サウンドマークとみなせる。「九州・沖縄ふるさと大歳時記」を例にとって、そこに暮らす人たち、そこを訪れる人たちと音とのかかわりを通して地域の音文化について考えてみよう（岩宮、一九九七）。

各県の音の名勝とはどのような地域で、サウンドマークはどのような音か各県ごとに紹介しよう。

福　岡　県

福岡県において、最も句数の多い音の名勝は福岡市である。音の名勝は、観世音寺、英彦山、太宰府天満宮、玄界灘、柳川と続くが、それぞれ固有のサウンドマークを持っている。

福岡市のサウンドマーク「博多どんたく」は、五月三、四日に福岡市で行われる祭りで日本最高の動員数を誇る。行列をなしながら、打ち鳴らされる杓子の音や人々のにぎわいの音は、「風にのるどんたく浮かればやしかな―浮風」に詠まれているように、市内中に満ちあふれる。「博多娘杓子叩きて踊り抜く―河村すみ子」に詠まれている杓子の音は、三章で紹介した「残したい福岡の音風景二十一選」にも選ばれている。

　太宰府市にある観世音寺の梵鐘の音も、地域を象徴するサウンドマークとなっている。「筑紫いま観世音寺の除夜の鐘―飯島志つ子」に表されているように、この鐘の音は筑紫野の大晦日のサウンドスケープの中核を成す。この鐘は、その美しい音色により国宝に指定されている。また、環境庁の「残したい日本の音風景百選」にも選ばれている。

　福岡県と大分県の県境にそびえる修験道の霊山、英彦山では、「ほととぎす」がサウンドマークとなっている。近代女性俳句の先駆者と称される杉田久女の、「谺《こだま》して山ほととぎすほしいまま」の句は、その典型例といえよう。霊験あらたかな英彦山の雰囲気を「音」で表現したところに、この句の持ち味がある。音で風景を味わうという日本人の感性がなければ、この句は成立しない。この句を下敷きにした「声はみな久女の木霊《こだま》ほととぎす―加倉位秋を」といった句もある。

　太宰府天満宮では、「鷽替《うそかえ》、鬼すべの音」がサウンドマークになっている。「鬼すべ」は、毎年一月七日の夜に行われる除災招福、火難消除の神事で、境内で炎の攻防が繰り広げる。「鷽替」は木鷽を持ち寄り、「替えましょ、替えましょ」といいながら替えあう行事で、「鬼すべ」に先立って行われる。木鷽の中に天満宮より出された金鷽が十二個混じっていて、これに当たるとその年の幸福が授かるという。「鬼燻《く》べて楠の大樹も枝鳴らす―山田つるの」「鷽替の始まる太鼓鳴りそめし―緒方無元」のような句が例として挙げられる。

玄界灘では、海にふさわしく、「波音」がサウンドマークになっている。ここでは、「濤音《なみ》に玄海の冬近きこと─平尾みさお」のような句が詠まれている。冬の玄界灘では、北西の強い季節風の影響で波は高い。この句は、晩秋にそれを予感させる「波音」を詠んだものである。

佐　賀　県

佐賀県で、最も句数の多い音の名勝は、有明海である。有明海の広大な干潟には、多くの魚介類や、それをえさとする鳥類をはじめ、多くの生物が生息している。これらの生物の音を中心に、有明海は豊かなサウンドスケープを形成している。「水鶏《くいな》なく海が残してゆきし沼─鶴丸白路」は、そんな干潟の一風景を表している。

サウンドマークとしては、多久市の「多久聖廟釈祭《たくせいびょうせきさい》の音」（写真10）がある。この行事は、儒教の祖、孔子とその弟子を奉る祭儀である。雅楽が奏でられる中、祭官が呪文を捧げ、孔子とその弟子の像に供えものをささげる。その後漢詩の朗読が行われる。これらの儀式は中国の明代の服装をまとい、厳粛に行われる。「釈祭の献詩声張る老需生─下村ひろし」の句は、その様子を詠んだものである。

長　崎　県

最も句数の多い音の名勝は長崎市で、以下、雲仙、壱岐対馬、平戸市、五島列島などが続く。長崎県の代表的なサウンドマークは、長崎市の「教会の鐘の音」である。迫害されつつも、多くの人々がキリストの教えを守ってきた歴史を持つ長崎の人たちにとって、教会の鐘の音は、地域社会を象徴する音としてふさわしい。「晩鐘をしほに店閉づ氷菓売―山内黎波」の句は、教会の鐘の

写真 10　多久聖廟釈祭

音が人々の生活の中に根付いている様子を、よく表現している。

長崎市は、坂の多い街として知られる。なかでもオランダ坂は、人気の観光スポットだ。「オランダ坂背に聞く鐘や春の昼―牧野寥々」は、そんな風情あふれるオランダ坂の風景に、鐘の音を添えたものである。

雲仙は、美しい山の風景と温泉郷を有し、訪れる観光客も多い。ここで詠まれた句として、「雲仙は水音の町夜の涼し―有馬籌子」などがある。雲仙岳の伏流水は、環境庁から「日本の名水百選」にも選ばれている。

大　分　県

音の名勝は、大分県の観光地として最もポピュラーな別府温泉のほか、宇佐神社、耶馬渓《やばけい》、国東、日田市などである。

宇佐神社や耶馬渓においては、鳥の声や虫の音などが多く詠み込まれており、豊かな自然音によるサウンドスケープが形成されている。宇佐神社では「百段を押しよせてくる蟬時雨―香下六子」、耶馬渓では「耶馬渓に声のつよさや花かじか―安東次男」などの句がある。美しい「かじかの声」は、耶馬渓の風景にふさわしいサウンドマークだ。

また、日田の小鹿田《おんだ》焼きで使われる土を唐臼《からうす》（写真11）で搗《つ》く音も、特徴あるサウンドマークとなっている。「陶土搗く音のひびきや水温む―奥脇珠美」の句がその例として挙げられる。小鹿田皿山の唐臼の音は、「残したい日本の音風景百選」の一つでもある。

写真 11　小鹿田皿山の唐臼：「ギー」「ゴトン」という唐臼の音がせせらぎの音とマッチして山里に響きわたる

熊　本　県

最も句数の多い音の名勝は、世界最大級のカルデラを持つ阿蘇山である。「地鳴りして阿蘇の火口の斑雪《まだら》雪―衛藤圭子」に詠まれている「阿蘇の地鳴り」は、この地方のサウンドマークでもある。逆に、阿蘇山の鎮まりによってもたらされる「静寂」も、「蓑虫の振子や阿蘇の鎮まれる―青島俊峰」のように俳句の素材になっている。それだけこの地域社会において、阿蘇山の存在が大きいのであろう。

サウンドマークとしては、ほかに熊本市の「蟬の声」、球磨川の「水音」がある。熊本市の蟬の句の例として、「寺町の中の大寺蟬しぐれ―大下雫」が挙げられる。球磨川は、日本三大急流の一つで川下りが楽しめる。「球磨川は瀬音砕きて炬燵《こたつ》舟―上城トモエ」の句は、その様子を詠んだものである。

宮　崎　県

最も句数の多い音の名勝は高千穂峡である。句数は、以下に続く日南市、青島などを圧倒する。代表的なサウンドマークは、高千穂峡で営まれる「夜神楽」だ。夜神楽は、民家や社殿を祭場とし、太鼓、笛、銅拍子の伴奏で繰り広げられる出雲系の神楽の一種である。夜神楽は、約八百年の歴史を持ち，「夜神楽や今舞いし人太鼓打つ―槇田好甫」に詠まれてるように，地域住民と密着した行事になっている。国の重要無形民俗文化財にも指定されている。

日南市の「波の音」，関之尾の「滝音」もサウンドマークとして挙げられている。それぞれ「桜蕊《しべ》降る日や波の音荒き―三河康子」「滝音の方へ放して鯉供養―小林千穂子」といった句がある。

鹿　児　島　県

桜島は，音の名勝として熊本県の阿蘇山に負けてはいない。「大歳の止めを打ちし噴火音―佐藤恵美子」に詠まれているように，桜島の豪快な噴火音は，薩摩隼人《はやと》の象徴としてふさわしいサウンドマークである。また，阿蘇山と同様その静まりも，「火の島の鳴りを鎮めし良夜かな―田ノ上千代子」のように俳句の素材として好まれている。

荒崎も忘れてはならない音の名勝である。「鶴の鳴き声」は，この地域のサウンドマークとなっている。毎冬，一万羽の鶴が荒崎を訪れるという。「不知火の闇に目覚めて鶴の声―平尾みさお」は，この地の冬の生活の一コマを詠み込んだもので，「鶴の声」が郷愁を誘う。この音も「残したい日本の音風景百選」に選ばれている。

奄美大島の「蛇皮線」は，楽器の音がサウンドマークとされたものである。「弦月や蛇皮線鳴らす島の家―森田千枝子」は，島の生活が感じられる句である。

沖縄県

糸満市、那覇市、石垣市などが音の名勝となっている。サウンドマークとしては、糸満市の「静寂」、石垣市の「ユンタ」がある。

糸満市の「静寂」は、沖縄戦での激戦地、糸満市摩文仁《まぶに》で毎年六月二十三日に営まれる慰霊行事「沖縄忌」のしずけさを詠んだものである。「屋根獅子のだんまり深む沖縄忌―浦廸子」はその代表句で、しずけさを「屋根獅子」（シーサーと呼ばれる沖縄独特の一種の魔除け）に託したところが沖縄らしい雰囲気を醸し出している。ここで詠まれた「静寂」には、平和の祈りが込められている。

「ユンタ」（結歌）は、八重山地方を代表する民謡（一種の労働歌）で、「旅愁かなず安里屋ユンタ夏の月―太田光子」に詠まれているように旅愁をそそる。奄美大島の蛇皮線とともに、南の島のサウンドスケープを特徴づけているのは、地域特有の音楽の音である。

「音」資源としてのサウンドスケープ

俳句に詠み込まれた音から、九州各地の特徴的なサウンドスケープを捕らえてみた。そこでは、じつにバラエティに富んだ豊かな音環境を体験できる。こういった音を意識し、保全していこうとすることが，音に対する豊かな感受性をはぐくむのである。

さらに，ここで示された音の名勝やサウンドマークは，村おこし，町おこしといったことを考えたときの地域のシンボルとして生かせる「音」資源でもある。「音」を「売り」にした観光があってもいい。地域開発レベルでのデザイン活動においても，もっと「音」を積極的に取り込むことを考えてもいいのではないだろうか。本研究で得られた知見は，「音」を切り口とした地域のデザインを考えるときの基礎資料として，生かしうるものである。

む す び

以上，俳句に詠まれた音を研究材料にして，音と人間の関係を探ってみた。音は，季節，場所，時代，地域とのかかわりの中で，さまざまな表情で立ち現れる。音の生態学にふさわしい「音のふるまい」を明らかにできたように思う。

本章で検討してきた俳句には，作者の音に対する感性が反映されている。そこを利用して，最近では，音を俳句に詠むことによる音の環境教育も試みられている。音を俳句に詠んで，音に対する感性を養おうというわけである。

6　外国人が聞いた日本の音風景

福岡在住の外国人に対する音環境調査

物理的に同一の音環境のもとに暮らしていても、そこで暮らす人の文化的背景などの違いによって、音環境の認識のされ方が異なる。本章では、日本で暮らす外国人に対して行った音環境調査をもとに、外国人が捕らえた日本の音風景の特徴を考察する。

生まれ育った環境の異なる外国人が捕らえた日本の音環境とは、どのようなものであろうか？われわれが日常意識しないような音が、印象的な音として認識されているかもしれない。日本人が捕らえたものとは違った「日本の音風景」が、立ち現れる可能性もある。

外国人が聞いた日本の音風景の特徴を明らかにするために、福岡市在住の外国人を対象として、自由記述方式による音環境調査を行った。質問は、以下に示す三項目からなる。

（質問1）日本で聞こえ、本国ではあまり聞くことのない「音」を思いつくだけお書き下さい。
また、その音に対して感じることや意見もあわせてお書き下さい。

（質問2）本国で聞こえ、日本ではあまり聞くことのない「音」を思いつくだけお書き下さい。
また、その音に対して感じることや意見もあわせてお書き下さい。

（質問3）日本の音環境に対して、なんでもいいですから、感想や意見などをお書き下さい。

手始めに、一九九六年に、私が勤務する大学に勤める外国人教員とその家族および同大学に通学する留学生を対象とした調査を行った（岩宮、岡、一九九八）。出身国は、アメリカ合衆国（八名）、大韓民国（七名）、中華人民共和国（六名）、フランス（二名）などである。日本語の理解できない回答者の場合、英語の質問票を用意し、英語での回答も可とした。ただし、彼らも「ボウソウゾク」「パチンコ」「シンカンセン」などの日本語は理解していた。

その後、一九九七年に、福岡市環境局の協力のもと（音環境モデル都市事業の一環として）、九州大学、福岡大学、九州産業大学など福岡市内の大学へ通学する留学生に対する音環境調査を実施することができた（岩宮、柳原、一九九九）。この調査の回答者は、中国人七十三名、韓国人十一名、台湾人五名など、ほとんどアジア出身者であった。

回答者は、合計で百四名である。

日本で聞こえ、本国で聞くことのない音

質問1に対して、「暴走族の音」「盲人用音響信号」「飛行機の音」「カラスの鳴き声」「セミの鳴き声」「物売りの声」「パチンコの音」「選挙活動の音」などの回答が寄せられた。本節では、これらの回答から、日本特有の音がどのようなものかを考察する。

最も回答が多かった音が「暴走族の音」である。暴走行為に走る若者達は、マフラーをはずし、意図的にエンジン音を高らかに奏でながら、街を疾走する。暴走族に対する意見は、「うるさい」「いらつく」「嫌い」など嫌悪感を表すものばかりである。

暴走族というのは、日本人にとっても迷惑な存在である。しかし、暴走族の問題は、単なる騒音対策の枠組みだけで対処できるようなものではない。一種の社会問題となっている。解決は容易ではないが、なんとかしなければならない課題である。

本調査結果は、この課題が日本人の生活環境の問題としてだけではなく、外国人にとっての日本観形成という観点からも検討が必要なことを示すものである。彼らは、日本の自動車騒音を指摘しているのではない。「暴走族」を問題にしているのである。

最も、最近では、韓国でも暴走族が登場し、やはり社会問題となっているとの報道もある。暴走

族は、将来、日本独特の存在ではなくなるかもしれない。

「盲人用音響信号」（写真12）としては、現在、日本ではメロディ式と擬音式の二方式のものがある。福岡市ではメロディ式を採っており、青信号のときに、「故郷の空」（スコットランド民謡）と「とうりゃんせ」のいずれかのメロディが奏でられる。主道路（長い方の横断歩道）側に「とうりゃんせ」、従道路（短い方の横断歩道）側に「故郷の空」が用いられる。

この音に関しては、「楽しい」「親切な」「障害者を助ける」「よい感じ」といった肯定的意見が多かった。障害者を手助けするための音として、受け入れられていることを示す回答といえよう。

本調査の結果をある国際会議で発表したとき、「盲人用音響信号」をビデオで紹介した。これが

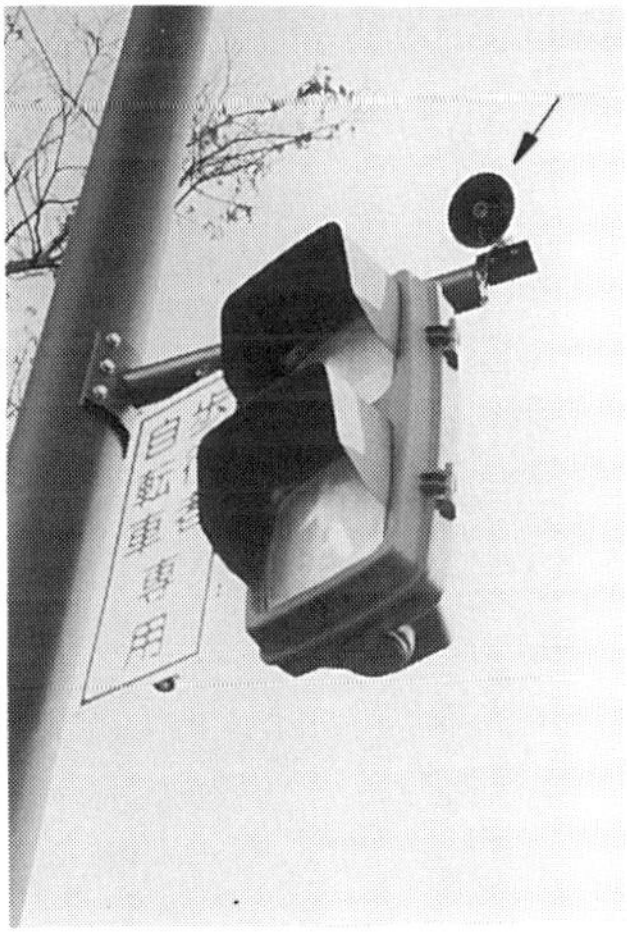

写真 12　盲人用音響信号

大受けした。特に、「故郷の空」は会場を騒然とさせた。質疑応答では、「日本はスコットランドに著作権料を払うべきだ」との指摘を受けた。残念でした。この曲には、著作権はありません（じつは、それが盲人用音響信号に選ばれた理由である）。

現在、音響信号は擬音式に統一されつつあり、メロディ式は姿を消しつつある。「音の生態学」としては、最後に残るメロディ式音響信号が気になるところだ。

「飛行機の音」は、福岡市の都心部、住宅地域が空港と隣接していることを反映したものである。福岡市民は、空港が近いことの利便性を享受している反面、音環境を悪化させる元凶をも抱えているのである。

「飛行機の音」を指摘した人は、主として、旅客機の飛行ルート下に位置する九州大学や九州産業大学の留学生である。その印象は、「うるさい」「空港移転を望む」「授業が中断される」といった否定的な意見ばかりである。

「カラスの鳴き声」に関しては、「縁起が悪い」「嫌な気分」「不気味」といった印象が述べられている。「聞くとなにか悪いことが起こるといわれている（韓国人）」「本国では縁起が悪いものであり、ほとんど見かけない（中国人）」などという記述もあり、カラスを忌み嫌う共通の文化が存在するようである。

最近、日本各地の都市部で、カラスの大量発生が社会問題化している。福岡市も例外ではないようである。外国人も、そのことを敏感に捕らえている。都会の真ん中でも、カラスが鳴いているというのが、不気味な風景と受け取られているようである。

「セミの鳴き声」は、主としてアメリカ、ヨーロッパ出身者の回答である。その印象としては、「うるさい」との否定的な意見と「自然を感じる」という肯定的意見の両面がある。

セミの鳴き声は、日本の夏の風物詩といえる。福岡では、夏の音風景はセミの鳴き声で支配されるほど、セミは元気に鳴く。天神の蟬時雨は、「残したい福岡の音風景二十一選」（3章参照）にも選ばれている。天神の街路樹に大量発生するセミは、ビルの谷間に響きわたる。

「物売りの声」も印象に残る音のようである。かつて、物売りは徒歩で回っていた。売り声も、肉声であった。いまでは自動車を利用して商売をしている。売り声も、拡声器を用いてのものである。しかも、多くはテープに録音した声である。もちろん、どこの国でも、物売りの声は存在する。しかし、「いーしやーきいもー」とかいった独特の歌うような節回しから、外国人は日本的な響きを感じているのである。それを「さびしい」響きと表現した回答者もいた。また、「本国で聞こえなかったがなんだかなつかしい音」とかいった回答もある。一般に、「楽しい」「面白い」といった好意的意見が多いが、「邪魔になる」との回答もあった。

回答者の中には、石焼きいもの売り声を、「仏教に関係した祈禱」と勘違いしていた者もいた。回答紙に「仏教に関係した祈禱の車の音」とあり、不審に思い確かめたところ、「いーしやーきいもー」の売り声であることが判明した。独特の節回しが、祈禱風に聞こえたのであろう。

「パチンコの音」については、「うるさい」「にぎやか」という意見がほとんどであった。その中で、「あのうるささが人々のストレス解消の薬なのだろうか」という記述もあった。当を得ている。

パチンコという娯楽自体が日本独自のものであり、パチンコ屋の音環境も、一種独特のものといえる。パチンコ玉のぶつかる音、大音響で鳴らされる音楽、さまざまな電子音のこん然一体となった音環境は、ほかの国では体験できない日本独自のものである。

「選挙活動の音」に対する印象は、「うるさい」「いらつく」といった否定的な回答ばかりである。候補者の連呼や哀願調の絶叫が中心となっている「選挙活動の音」に関しては、日本でも多くの批判があるが、外国人にも迷惑を及ぼしているようである。

それ以外にも、「バスの車内アナウンス」「電車、地下鉄のアナウンス」といったマイクを使った公共のアナウンスが多く指摘されている。

少数意見の中に、「祭りの音」「お寺の鐘の音」「ししおどし」といった、一般的に「日本的」とされる音が挙げられている。これらは、実際に日本の音環境を特徴づける音ではあるが、いつでもどこでも聞ける音ではない。

また、「風鈴の音」「布団をたたく音」といった音に対する指摘もある。これらは、かつてはもっと聞かれた音である。エアコンが普及した現在、風鈴で涼をとるまでもなくなってきた。夏に風鈴をぶら下げている家も，最近はあまりみかけない。また，かつては天気のよい日は布団を干して，布団をパタパタ叩くというのは，日常よくみかけた風景である。しかし，最近，布団を叩くことによりダニが表面に出てくるとかいわれ，あまり布団を叩かなくなってしまった。さらに，布団乾燥機の普及もあり，布団を干す機会も減少している。これらの音は，二十年前に調査していたら，もっと回答数が多かったであろう。

日本であまり聞くことのない音

質問2に対しては，「自動車の警笛」「鳥の鳴き声」「会話（人の声）」「自転車のベル」「爆竹」「早朝音楽」「民防衛訓練のサイレン」などの回答を得た。

「自動車の警笛」は，中国，韓国をはじめとするアジア諸国出身者の回答である。この音に対しては，「うるさい」との印象のほかに，「日本は車が多いのに警笛が聞こえないのが不思議だ」という意見が多く寄せられた。日本以外のアジア諸国では車の警笛に対する規制がないのか，あっても効力はなく，目立つ音のようである。

自動車の警笛については，日本人のマナーのよさ，本国でのマナーの悪さを指摘するような意見が多くみられた。例えば，「本国では渋滞で車が進まなくていらいらしたときなどにやたら押すので、それがうるさい」「韓国は外国でもよく知られるほど交通のマナーが悪い」(韓国人)、「日本では車が多いのに警笛が聞こえない」「思いやりがある」(中国人)などである。一方、「本国にいる時はうるさいと思っていたが、帰国するととても懐かしい音」という記述もあった。

「車の警笛」は、かつては日本でも主要な騒音源で、社会問題視されていた。そこで、昭和三十三年に、大阪府警察本部は、大阪市とタイアップして、警笛の濫用の禁止に踏み切った。これが、「町を静かにする運動」の始まりである。その後、この運動は全国的に広がっていった。このような運動がなければ、いまでも、町は「車の警笛」であふれているであろう。

もっとも、私は、福岡市は、結構、警笛の音がうるさい都市ではないかと思う。ほかの都市で同じ調査をやったら、もっと指摘数は多かったかもしれない。

「鳥の鳴き声」の回答は、満遍なく、各国より寄せられた。「日本より本国の方が多い」といった直接的な回答にあるように、日本では鳥の鳴き声を聞く機会が少ないと感じている回答者が多い。

「話し声」を指摘したのは、主として、アジア諸国の出身者である。「本国でもっと会話が盛ん」「人がたくさん住んでいるのに日本は静かだ」などの意見が寄せられた。中には、「日本のように静かなのは寂しい」という意見もあった。ほかのアジア諸国の人々は、日本人と比べると、おしゃべり好きである。

しかし、大阪あたりで調査したら、「話し声」は出てこなかったかもしれない(大阪の人はおしゃべりなような気がする?:)。

「自転車のベル」を指摘した回答者は，全員，中国人である。中国で自転車が市民の足となっていることは有名である。自転車の音，自転車のベルが中国のサウンドスケープを特徴づける音になっているようである。

「日本にはベルを使う習慣がないようだ」との意見とともに，「親しい人と会ったときにベルで挨拶する」「ラッシュの時によく鳴らす」という記述があった。「本国に帰ると非常に懐かしい」や「国の文化の一つ」などという意見もあった。

「爆竹」は，中国人と台湾人が挙げていた。これらの国では祭や儀式で爆竹を用いる。特に，旧正月の春節祭が有名である。「にぎやか」との印象のほか，「興奮する」「新年の気分になる」などの記述があった。

しかし，横浜ベイスターズの優勝を爆竹で祝う中華街のある横浜あたりで調査をしていたら，「爆竹」は出てこなかったかもしれない。

「早朝音楽」は，中国人の回答によるものである。彼らは，早朝，公園などで音楽に合わせて，太極拳などを行う。「日本では，健康に関する番組や，体操に関する音が少ない」という記述もあった。

日本でも夏になると，早朝，ラジオ体操を行う習慣があるが，いまは少なくなっているのだろうか？

「民防衛訓練のサイレン」は、韓国で行われている避難訓練の開始を告げるサイレンのことである。回答者は、いずれも韓国人であった。訓練は、もともとは戦争に備えての避難訓練であったが、現在は災害にも対応できるような内容になっている。

日本の音環境の全体的印象

一般に、アジア出身の回答者にとって、日本の音環境は「しずか」で「良好」なものであると受けとめられている。これに対して、アメリカ、ヨーロッパの回答者では、「うるさい」との回答が多い。「静か」と述べた回答者にも、「飛行機」「暴走族」を除けばという条件を付ける者が多い。中には、「静かであるが活気がない」という意見もあった。

さらに、「人工的な音が多い」「人工的な音しかなく、それ以外は静か」といった意見も多かった。このような指摘は、環境の中にさまざまなサイン音があふれていることを反映したものと考えられる。おおむね人工音にするイメージは否定的で、「なくなるとよい」との意見も多い。ただし、盲人用音響信号や、学校のチャイムなど音楽を用いたサイン音やＢＧＭに関しては、「音楽がうまく使われている」と、肯定的な評価をうけている。

文化騒音のあふれる国「日本」

最近、過剰な公共のサイン音やアナウンスなどの音に対して、「文化騒音」という観点からの批判書「うるさい日本の私」が出版され、話題を呼んでいる。この書によると、日本人が管理されることを望んでいるため、文化騒音があふれるのだという。電車で忘れ物をしたのは、「それを注意するアナウンスがないためだ」という論理である。アナウンスを出す側も、アナウンスをすることによって責任を回避する。音を出す側と受け取る側が、アナウンスやサイン音の存在を前提とした社会を作り上げた結果、日本中に文化騒音があふれる結果になったという。

このような見解が妥当なものかどうかはわからないが、外国人からみても、日本社会は公共アナウンスが過剰であると写るようである。安全性の観点から、あるいは、どうしても必要な情報伝達など必要不可欠な公共アナウンス、サイン音も存在する。しかし、別になくてもそれほど不自由しない音も多く存在するのではないだろうか。国際的な視点からも、サイン音や公共アナウンスのあり方、最適化を検討すべきであろう。

耳の証人「エドワード・モース」の聞いた明治の音風景

ここで紹介したような外国人に対する系統的な音環境調査はほかに例はないが、日本の音環境について、貴重な記述を残した外国人がいる。代表的な例として、明治時代に来日したアメリカの動物学者、エドワード・モースを取り上げよう。モースは、大森貝塚の発見などで知られるが、彼の著書「日本その日その日」の中に、音環境に関する詳細な記述を残している（山岸、一九九一）。そこから、外国人が捕らえた明治の日本の音風景の特徴をみてみよう。

彼が印象に残る日本の音として取り上げた音は、「漁師の歌う舟歌」「下駄の音」「人力車の音」「行商人の売り声」「盲目の按摩が吹く笛の音」などである。

漁夫の舟歌とは、船を漕ぐときに、漁夫が叫ぶ「ヘイ、ヘイ、ヘイ」というような唸り声である。この音は、彼が初めて日本に上陸したとき聞いたこともあり、インパクトが強かったようである。杭打ち作業などに従事する土木作業者のヨイトマケの歌なども、モースの興味を引いている。彼は作業の様子を詳細に観察し、「一節の終わりにそろって縄を引き、そこで突然縄をゆるめるので、錘はドサンと音を立てて落ちる」との記述を残している。

当時の日本人は、労働の際に力を込めるため、あるいは皆でタイミングを合わせるために声を出し、ワークソングを歌ったのである。いまでも、このような習慣が存在しないことはないが、多くの肉体労働が機械に取って代わられ、こういった労働にかかわる声を聞く機会は少ない。

同じように、人力車の車夫も「ハイ、ハイ、ハイ」と声を立てたが、これは人に道をあけさせるための手段であったようである。図5は、モース自身がスケッチした杭打ち作業と人力車である。

また、彼は日常生活において、木製の下駄が立てる「カラコロ」「カランコロン」といった音に耳を傾けていたようである。盲目のあんまの笛に対しては、モースは「哀れっぽい」調子で聞こえたとの記述がある。夜回りの立てるリズミカルな拍子木も、印象的な音であったようだ。

さらに、家の中において襖の開閉や畳を歩くときにまったく音がしない点、感動を覚えているよ

図5　エドワード・モース自身がスケッチした杭打ち作業と人力車（E. S. モース著，石川欣一訳：「日本その日その日3」，平凡社，1970年から引用）

うである。しかし、朝になると奉公人が雨戸を戸袋にしまい込む音には、悩まされたという（ガタガタいう音が、目覚まし変わりになった面もある?）。

これらは、いまでは、まったく聞かれなくなったり、めっきり少なくなった懐かしい音である。モースの記述を通して、当時の日本で聞かれた音の様子がよくわかる。モースは、まさに、耳の証人と呼ぶにふさしい。

むすび

外国人が日本の音環境をどのように認識しているのかを明らかにするために、福岡在住の外国人を対象とした音環境調査を行った。

その結果、特徴的であったのは、一般に典型的な「日本の音」と思われている「お寺の鐘の音」「ししおどし」といった音よりも、「暴走族の音」「盲人用信号の音」などの日常頻繁に接するであろう音の方が指摘数が多かった点である。

このような音に対して、我々日本人の感覚からすれば、「日本の音環境を特徴づける音」といった意識はあまりないのではないだろうか。日本在住の外国人にとって、このような音が「日本の音」であるという認識を持たれていることを理解しておきたい。

7　しずけさ考

「しずけさ」の意味

ふだん、なにげなく使っている「しずけさ」という言葉であるが、どういう状態のことを指すのであろうか？　本章では、「しずけさ」の意味について考えてみよう（岩宮、一九九六）。

「しずけさ」とは、音のない状態のことをいうのであろうか。なにか違う。音響の研究室には、外部の音を遮断し、部屋の響きをグラスウールで吸い込んでしまう「無響室」（写真13）と呼ばれる実験室がある。文字どおり音のない世界である。はたして、無響室で「しずけさ」を感じることができるだろうか。「イエス」とは答えづらい。確かに、静かな環境を提供してくれる。しかし、無響室は、「しずけさ」という言葉の持つ情緒的な雰囲気とは、無縁の世界である。

むしろ、われわれは、小川のせせらぎ、風にそよぐ木の葉のような情緒を感じさせてくれる音から、しずけさを感じ取っている。しずけさというのは、物理的な音量で決まるものではなさそうである。「しずけさ」は、個人や社会の価値観を反映した主観的な性質なのである。

写真 13　無響室（九州芸術工科大学にて）

silent と quiet はどう違うの？

さて、この「しずけさ」という概念、日本語特有のものであろうか。英語の世界で、「しずけさ」の概念が成立するのかどうか、インターネット上での議論をもとに検討してみよう。

数年ほど前に、インターネットの世界で、身の回りの音環境のことを論じ合うメーリング・リストができた。音の生態学国際フォーラムの仲間が集う場所である。このリストが開始されたばかりのころ、ある日本人学生から英語圏の人たちに、「silent と quiet はどう違うのですか？」という禅問答まがいの質問が発せられた。結構真面目に答えてくれる物好きがいるものである。私も、寄せられる回答を楽しんでいた。

多くは、「silent は音がない状態をいい、quiet は音はあるがうるさくはない状態をいう」という意見であった。「silent をコミュケーションを断絶した状態」であるとか、「quiet は穏やか（calm）で平和な（peaceful）状態」という意見もある。また、もっと具体的に、「quiet は暖かい夏の微風とそれにそよぐ木の葉のざわめきが聞かれるような音環境、silent は外部から遮音された音響実験室の音環境」と分析してくれた人もいた。

これらの意見は、系統的な調査の結果ではなく、電子井戸端会議の話題ではあるが、英語圏の人たちの語感をよく捕らえたものだと思われる。quiet は、まさに「しずけさ」に相当する。「しずけさ」の語感は、日本語特有のものではなく、英語圏でも通用するようである。英語圏でも、しずけさは、情緒的な語感を持ち、主観的にしか捕らえられないもののようである。

練馬を聴く、し・ず・け・さ十選

英語圏の人の話はさておき、われわれは、日々の暮らしの中で、どんな状況のときに「しずけさ」を感じ取っているのであろうか。一例として、練馬区での「しずけさ十選」を検証してみよう。

東京都練馬区の公害対策課では、一九九〇年、区民に対する環境教育の一環として、一連の「音」に関する啓蒙事業を行った。その一つが、「練馬を聴く、し・ず・け・さ十選」である。「誰にでもお気に入りの美しい景色や心安らぐ場所があるように、その人だけのとっておきの『しずけさ』が聴こえてくる場所があるはずです。あなたにとってのそんな『しずけさ』が聴こえてくる場所を教えてください」というのが企画の主旨であった。練馬区内を対象として、「しずけさ」を感じられる場所、その「しずけさ」をひとことで表す言葉、「しずけさ」の感じられる時期、時刻、およびその様子、その場所の写真、絵、ビデオテープを募集した。

市民から応募された「しずけさ」は、さまざまであった。しずけさは、一様ではない。これらの応募をもとに、わき水、鳥たちの鳴き声などに代表される自然の音の響きにつつまれた「石神井公園三宝寺池」、寺社境内の独特の静寂感をたたえた「長命寺の境内」など「しずけさ十選」が選ばれた。選ばれたのは、あと「石神井公園城址空堀」「どんぐり山憩いの森」「武蔵大学校内すすぎ川」「武蔵関公園上流側」「光が丘公園芝生広場」「清水山憩いの森」「武蔵関公園ボート池」「中大グランドの銀杏並木」である。

しずけさとは音のないことではないことが、改めて確認された。しずけさは、自然の響きに代表されるような、私たちが安心を覚える音とともに存在するのである。特に、十選の推薦者の多くが、水の音からしずけさを感じている。

さらに、しずけさとは聴覚だけで感じるものではなく、香り、湿気、景観にもかかわる共感覚的現象といえる。「光が丘公園芝生広場」では、ほかに例をみない広大な視覚的広がりが、しずけさの構成要素となっている。また、「清水山憩いの森」の推薦者は、「わき水が森の中をサラサラと流れ、昼間でもしんと静まりかえった森の中で、小鳥たちのさえずり、深みのあるコケの匂いが心をなごませ、緑が私たちの力をみなぎらせてくれます」と述べ、「しずけさ」が五感全体で感じ取るものであることを示している。

しずけさを形作るのは、自然や地形といった外的な要因だけではない。人々の記憶や地域の伝承といった内的な要因も、「しずけさ」を感じ取る要因になりうる。「中大グランド跡地の銀杏並木」の推薦者（四十歳代の女性）は、ここを通ると、「戦後間もないころ、ここで練習していた学生のトランペットが聞こえる」という。じつは、彼女自身は直接トランペットの音を聴いてはいない。しかし、ここを訪れるたびに、子供の頃聞かされた話を、思い出すのだという。彼女の頭の中に響く、もの悲しいトランペットの音が、「しずけさ」を感じさせるのである。

この事業を通して、地域住民の声が、「しずけさ」の意味を掘り下げてくれた。「しずけさ」は、日々の生活とともにあり、地域の文化として成立しているのである。今後、選定された十選がどのように活用されていくのか、注目していきたい。

歳時記に詠み込まれた「しずけさ」

日本人の感性のインデックスともいわれる「俳句」の中にも、「しずけさ」を表現したものが多く見受けられる（前田、岩宮、一九九四）。以下、タイプ別に、われわれ日本人がどのような状況でしずけさを感じているのかをみてみよう。

まず、「ほんの小さな音が聞こえてくる状況」の生み出す「しずけさ」が挙げられる。みのむしのような小動物の出すかすかな音を描いた「みのむしの掛菜を喰らふ靜けさよ—白雄」などが一例として挙げられる。雪や小雨の降る様子を詠んだ句も、このカテゴリーに入れていいだろう。特に、「雪の降る静かさに耳さとくおり―本間翠雪」や「粉雪降る村に音なかりけり―及川知子」のように、なぜか、雪は「しずけさ」と相性がいい。

さらに、「まったく動かずにじっとしている様子」も「しずけさ」を感じさせる。川が凍りついてしまった様子を詠んだ「門川の氷りたるより音もなし―松本たかし」、枯れた植物を詠んだ「櫨《はぜ》の実のしずかに枯れておりにけり―日野草城」などがその例である。

「音を出していたものが急にでなくなったとき」に感じる、「しずけさ」というのもある。「一畦はしばし鳴きやむ蛙かな―去来」「鰯雲広がりて子は泣きやみぬ―飯島幹也」というのが典型的な例である。除夜の鐘が鳴り終えたあとのしずけさを詠んだ「百八つ無住寺の鐘つき終わる―葛西十生」は、鐘の余韻がしずけさを感じさせる。

「聞こえるべき音が聞こえない状態」もしずけさを感じさせる要因になりうる。「小鳥この頃音もせずに来て居りぬ―村上鬼城」は、期待している小鳥の声が聞こえないさまを詠んだものである。いつも聞こえてくる相撲部の稽古の音が聞こえない様を詠んだ「相撲部は冬休みらし音消えて―渡辺八重子」は、なんとなくのどかな「しずけさ」が感じられる。普段は、体育会系特有のにぎやかさが感じられるのであろう。

さらに、俳句の「しずけさ」の中には、内面的な心の様を託したものも多い。例えば、「静けさの常の夫婦のなずな粥―柏崎雅子」は、言葉がなくても心を通い合わせることのできる夫婦の愛情がしずけさに託されている。「葛湯吹きいよいよ無口の夫となりぬ―肥田恵子」も、同様である。また、言い様のない暑さ、寒さを「しずけさ」で表現した俳句もある。夏の暑さを詠んだ「炎天の音なき真昼なりしかな―小林律子」、冬の寒さを詠んだ「凍らんとするしづけさを星流れ―野見山朱鳥」などである。

ここでも、練馬区の調査と同様、しずけさの多様性を確認することができた。日本人の「しずけさ」像が、かなりはっきりしてきたように思う。大げさな言い方をすれば、「しずけさ」は日本の音文化の基幹をなすものである。「しずけさ」を意識していくことは、日本の音文化を保全することにつながっていく。

「しずけさ」を妨げるもの

本章では、ここまで、しずけさを感じさせてくれる要因を、多面的に論じてきた。そこからわかることは、「しずけさ」とは、ガラス細工のように繊細で壊れやすい状態であることである。ちょっとした騒音で「しずけさ」が妨げられるのである。

沖縄に代表される軍事基地周辺での戦闘機、爆撃機の騒音、そこまですさまじくはないが、空港周辺の航空機騒音などは論外である。また、都会に暮らす人間にとって、道路交通騒音や工事などによる騒音は、逃れがたい存在である。

しかし、「しずけさ」の敵は、このような万人の認める「騒音」だけではない。電車やバスなどの公共交通機関におけるアナウンス、あらゆるところで無秩序に垂れ流しにされるBGMなどもしずけさを妨げる。街の中ならBGMも都会的雰囲気を演出する効果もあろう。しかし、風光明媚な観光地で聴かされるBGMには幻滅してしまう。携帯電話の呼び出し音、通話音も迷惑な存在である。また、あらゆる家電製品が電子音でメッセージを発する機能を備え、しずけさを不意打ちする。

その場にふさわしい音が「しずけさ」を生み出し、ふさわしくない音が「しずけさ」をぶちこわすのである。

何年か前に、福岡市郊外のある公園へ行く機会があった。ここでは、リフトで山頂まで登れ、気軽に自然が楽しめる。風にそよぐ木の葉の音がすがすがしい……はずだった。しかし、絶えず流されるアナウンスが、しずけさを台なしにしてくれた。リフトでの注意事項など、最小限の情報は必要かもしれない。しかし、公園内の案内など無駄な情報が多すぎる。この公園は「緑と水の町」を標榜するある町が運営しているらしいが、少しは「音」にも配慮してほしい。

公共交通機関においても、行き先を知らせたり、安全確認のために乗客へ供給する必要不可欠の情報は的確に伝達する必要がある。しかし、現実には、過度の情報が流されているのではあるまいか。また、質的にも貧弱な再生装置を使っている例も多い。歪みの多い再生装置でどなられては、肝心な情報は伝達されず、うるさいばっかりだったりする。

それでも、最近は、拡声設備の中にも、一つのスピーカのカバーする範囲をあまり広くとらないで、音量を抑えるといった配慮をするところもでてきた。しかし、操作者が過大入力もかえりみず、大声でどなり立てては、立派な装置も台なしである。また、ワンマンバスの運転手などでありがちだが、マイクに息をふきかける人、これもやめてほしい。運動会のシーズンともなれば、歪みまみれの校長のあいさつ、一日に何回かおこるハウリングのピーという音に悩まされる人も多いであろう。

まあ、基本的には使う側の問題ではあるのだが、多くの場合、素人が使うのである。メーカーも一工夫して、誰がどんな状態で使っても最良の音質が保証できる拡声装置を開発すれば、世の中少しは静かになりそうな気がする。

昭和で最も静かな日

過剰な音に満ちあふれた現代社会であるが、昭和最後の日、われわれは、かつて経験したことのない「しずけさ」を体験した。昭和六十四年一月七日のことである。天皇の死去に際し、公の行事や儀式、歌舞音曲を伴う行事を差し控え、哀悼の意を表するよう協力を要望する通達が出された。

この日、日本中の都市で、目立つ音、かしましい音が巨大な掃除機で吸い込まれたように静かになった（中川、一九九二）。夜中まで眠ることのない新宿の町で、店頭でのセールスの呼び込み、安売り店のにぎやかな音楽などが消えてしまったという。

音環境の劇的変化は、屋外だけではない。テレビ、ラジオから、一部のクラシック音楽を除く音楽番組、バラエティ番組が白粛され、コマーシャルが消えてしまった。日常の音環境になんとなく違和感を感じた人も多かったのではないだろうか。

ただし、例外もあった。NHKの「お母さんといっしょ」は、なにごともなかったかのように、子供たちを楽しませてくれていた。

「しずけさ」は、さまざまな儀式を演出する。昭和から平成への時代の転換期に、政府主導の「しずけさ」は、われわれになにを与えてくれたのであろうか。あの「しずけさ」を思い出してみるのも意義深い。

むすび

本章では、「しずけさ」の意味、特徴について、具体例を交え、多角的に論じてきた。「しずけさ」は、どれだけ音を意識して聴いているかのバロメータになっている。「しずけさ」を感じ取れる感性を磨くことが、日本の音文化の向上につながるのである。耳を澄ませて、「しずけさ」の意味を考えてみよう。

8　音楽と映像のマルチモーダル・コミュニケーション

映像の中の音楽の役割

映画やテレビのような映像メディアは、通常、映像だけでは成り立たない。必ず音を伴っている。映像作品というのは、音が加わることで作品として成立する。

映像に加えられるのは、映像に表現された対象から発せられる音だけではない。特殊な効果音や音楽が、映像の効果を高めるために用いられている。それらは、映像の一部といってもいいほど、映像表現の重要な側面を担う。映像が表現する世界と音楽の間にはなんの因果関係もないにもかかわらず、音楽によって映像が生き生きとしてくるのである。音楽抜きの映画やテレビドラマを想像してみよう。いや、ちょっと、テレビのボリュームをしぼってみたらいい。なんとも、味気ないものになってしまう。

ただし、どんな音楽でもいいから、映像に組み合わせればいいというものではない。適切に組み合わされた音楽は、映像作品をより印象的なものにするが、組合せを誤ると、作品は台なしである。それでは、実際の作品の中で、どのような映像と音楽が組み合わされ、どのような効果を生みだしているのであろうか？　いくつかの方策を、具体的に説明してみよう。

音楽と映像の組合せに関する方策の一つは、両者の動きを合わせることである。この方法は、ウォルト・ディズニーが、アニメーション映画で多用してきた。アニメーションの動きに合わせたメロディ・ラインを用いることで、映像の動きにアクセントを与えるのである。ディズニーの代表的なキャラクターの名を借りて、この手法はミッキーマウシングなどと言われている。ミッキー・マウスは、音楽の力を借りて、画面上を生き生きと動きまわってきた。

また、このやり方のバリエーションとして、効果音をアクセント的に使ったものも多い。特に、ユーモラスな感じを出すには、効果音をリズム楽器みたいに使ったり、アクセントをつけるのに使ったりする手法は効果的である。

同時に、映像の動きが、メロディ・ラインを鮮明にする効果もある。映像が音楽構造の理解を容易にするのである。映像の効果を最大限生かした作品が、あの「ファンタジア」である。ファンタジアは、クラシックにはあまり馴染みのない聴衆にも、音楽のすばらしさを堪能させてくれる。

ただし、ミッキーマウシングは、あまりにもディズニーのイメージが強すぎ、のちの映画監督には嫌われるようになってしまった。それだけ、効果的であったということであろう。

演奏者の動作にも、ミッキーマウシングと同様の効果がある。例えば、ロック・バンドのギタリストの動きを思い浮かべてみよう。ギュイーンと音を引き伸ばすときに大きくのけぞってみたり、エンディングのコードを弾くときに飛び上がってみたり、激しいアクションをする。こんなアクションは、音楽的にはまったく無意味である。しかし、聴衆を熱狂のるつぼに巻き込むためには欠かせない。音のノビや迫力が違って聞こえるから、不思議である。直立不動のロックン・ローラーなど、誰も聴きに行かない。

音楽によってもたらされるさまざまなムードや情感も、映像表現の効果を高めるためによく利用される。音楽が醸し出す安らかなムード、息詰まる緊張感といったものが、出演者の気持ちを代弁してくれるのである。

さらに、音楽がもともと担っている記号的意味を利用するという手段もある。例えば、「蛍の光」のメロディを聴かせると、日本人ならだれだって、「別れ」や「終わり」を連想する。あるいは、もっと具体的に「卒業式」を思い浮かべる人もいるだろう。これを利用して、映像の意味づけを行うのである。講堂に学生が集合しているシーンで、蛍の光の合唱が流れだせば、それはもう、完璧な卒業式である。「仰げば尊し」でもいい。

ただし、この効果は文化を共有している集団にしか通用しない。「蛍の光」を聴いて、西洋文化圏の人々は「大晦日」を連想しても、「卒業式」は連想しないだろう。また、最近の学校では、「蛍の光」も「仰げば尊し」も使わないらしい。この話は、若い人には、通じにくくなってきた。

手品のBGMとしての、ポール・モーリアの「オリーブの首飾り」なら、若い人にもわかってもらえるだろうか。テレビや映画の手品の場面では、ほとんどこの曲が使われている。ちょっとありきたりすぎる感はあるが、間違いはない。ただし、本物の手品で「オリーブの首飾り」は、かえって使いづらいだろう。

映画やテレビのドラマでは、作品の中で音楽に記号的意味を与え、劇中でその効果を利用するという手法もよく用いられる。恐れを感じるような状況に合わせて、同じ音楽を繰り返し用いることで、その音楽に対する条件づけがなされる。その結果、視聴者は、音楽だけで場面の状況を理解するようになる。巨匠 伊福部 昭 作曲の「ゴジラの脅威」などは、その典型的な例である。いかにも、「出るぞ、出るぞ」という感じで、やはり出てくる。

このように、音楽と映像の結びつきは、様々な効果をもたらす。すべてではないが、学問的には明らかにされている知見も少なくない。本章では、これらの知見をもとに、音楽と映像の組合せとその効果を巡る諸問題を論じる（岩宮、一九九六）。本章は、映像メディアにおける音の生態学ということである。

音楽が映像の印象に及ぼす心理的・生理的影響

音楽が映像の印象に及ぼす影響を、科学的手法で捕らえられるものだろうか？　この問題に最初に取り組んだのは、タンネンバウム（一九五六）である。タンネンバウムは、三十五分のドラマを利用して、音楽を加えた場合と、音楽を加えない場合のドラマに対する印象評価実験を行っている。音楽の影響は、総合的評価、力動性、活動性の観点から検討された。その結果、音楽を加えることで、ドラマの印象が力強く、活発になることが示されている。ただし、ドラマの総合的評価（良い—悪い）に対する音楽の影響は、認められなかった。

ザイヤーら（一九八三）は、安全教育用の映画を利用して、背景音楽の影響を生理的な観点から検討している。用いられた映画は、三つの事故シーンから構成されていて、視聴者にかなりのストレスを与えるものである。このシーンにストレスを減少させる、あるいは、増加させるように作られた音楽を組み合わせて、その効果を生理的指標を用いて測定した。

音楽の顕著な影響は、皮膚のコンダクタンス（電気の通りやすさ）に現れた。皮膚のコンダクタンスは、精神性発汗により変化し、緊張度が高まると増加する。この実験では、音楽を提示しない条件に比べて、ストレスを減らす音楽は、コンダクタンスを減少させる効果が認められた。逆に、ストレスを増加させる音楽は、コンダクタンスを増加させる効果があった。この結果は、映像によってもたらされるストレスのレベルを音楽によってコントロールできることを、生理的観点から示したものといえる。

映像作品における音と映像の印象の関係

つぎに、音楽によってもたらされる印象と、映像の印象の関係について考えてみよう。実際の作品に使われている音と映像が、それぞれどのような印象を持たれているかという問題である。組み合わされた音と映像の印象の間になんらかの関係があるのだろうか、それとも、まったく独立なのだろうか？

私の研究室では、レーザー・ディスクで市販されている映像作品の一部を用いて、音と映像の印象評価実験を試みた。この実験では、音楽再生音のみ、映像のみを提示しての、その印象に対する評価実験、および音と映像を組み合わせた条件での印象評価実験を行った。制作者の意図の影響をみるために、別々の作品の音と映像を組み合わせた素材（組合せ素材と呼ぶ）でも、同様の実験を行った。通常の作品の場合は、オリジナル素材と呼ぶことにする。

表9に、五つの心理的側面からみた音および映像の印象の対応関係を示す。五つの側面とは、

表 9　音楽再生音の印象（a）と映像作品における映像の印象（v）の対応関係

オリジナル素材

因　子	提示条件	相関係数	回帰直線
引き締まり感	単独	0.03	$v=0.23a-0.02$
	両方	0.76	$v=0.64a-0.00$
総合的評価	単独	0.18	$v=0.18a+0.09$
	両方	0.68	$v=0.59a+0.05$
きれいさ	単独	0.77	$v=0.73a-0.02$
	両方	0.93	$v=1.03a-0.08$
明るさ	単独	0.54	$v=0.46a-0.17$
	両方	0.91	$v=0.78a-0.05$
ユニークさ	単独	0.66	$v=0.81a-0.19$
	両方	0.90	$v=1.09a-0.06$

組合せ素材

因　子	提示条件	相関係数	回帰直線
引き締まり感	単独	−0.19	$v=-0.18a+0.02$
	両方	0.07	$v=0.06a+0.19$
総合的評価	単独	−0.18	$v=-0.16a-0.03$
	両方	0.29	$v=0.39a+0.24$
きれいさ	単独	0.28	$v=0.25a+0.27$
	両方	0.38	$v=0.34a+0.15$
明るさ	単独	0.18	$v=0.11a-0.02$
	両方	0.75	$v=0.51a+0.04$
ユニークさ	単独	0.24	$v=0.31a-0.37$
	両方	0.54	$v=0.68a-0.18$

「引き締まり感」「総合的評価」「きれいさ」「明るさ」「ユニークさ」である。表は、各側面における音楽再生音の印象（a）と映像の印象（v）の回帰式と相関係数を求めたものである。回帰式とは、aとvの間に直線関係を仮定し、それを一次関数の式（$v=\alpha a+\beta$）で表したものである。相関係数は、直線関係への当てはまりのよさを示す指標である。aとvの間に完全な直線関係が認められるとき、相関係数は1になる。aとvの間にまったく対応関係がないとき、相関係数は0となる。つまり、相関係数が大きいほど（最大値は1）、音と映像の印象が一致していることを示す。

表によると、オリジナル素材の単独提示条件では、きれいさ、明るさ、ユニークさにおいて、音と映像の印象の間に非常に強い相関関係がみられた。音の印象と映像の印象の間に、比例関係が認められたということである。つまり、明るい映像には、明るい音というように、同じようなムードを持った音と映像が組み合わされているのである。このような傾向は、組み合わせ素材ではまったくみられない。制作者は、意図して、ムードの一致した音と映像を組み合わせているのである。

さらに、オリジナル素材の両方提示条件では、すべての側面で、相関係数が単独提示の場合よりも大きくなっている。音と映像が重畳することで、「ムードの一致した音と映像を組み合わせよう」という制作者の意図が、より明確に視聴者に伝わるのである。

さて、ムードの一致した音と映像を組み合わせるということは、映像作品として、どのような効果を持っているのだろうか？　ボルツら（一九九一）は、映画やテレビのドラマに用いられる背景音楽と映像のムードの一致，不一致がエピソードの記憶に及ぼす影響を調べている。

被験者のやることは，さまざまな音楽と物語が組み合わされた作品を鑑賞した後，その作品の中で展開されたエピソードを思い出して書き出すことである。そして，その内容がどの程度正しいものであるのかを別の人が判断した。比較のために，音楽をまったく使わない条件でも，同様の実験を行っている。

その結果，音楽と映像のムードが一致した場合に，正答率は，不一致の場合および音楽のない場合よりも，明白に高くなった。楽しい物語に楽しい音楽が組み合わされた場合，視聴者は，音楽のムードに一致した映像の動きに焦点を合わせる。その結果，各エピソードは，記憶の中に強く刻み込まれるのである。

ただし，音楽がエピソードの結末に先行して提示される場合には，異なった傾向がみられる。この条件では，音楽と映像のムードが一致していない場合の方が，正確にエピソードが記憶されていたのである。

例として，ハッピー・エンドなエピソードに，まだ結末がはっきりしない時点で，悲しい雰囲気の音楽を用いる場合を考えてみよう。視聴者は，悲しい音楽を聴いて，悲しい結末を予想する。これに反して，結末は，ハッピー・エンドなのである。予想を裏切るようなエピソードの展開は，エピソードの記憶をより鮮明にする働きがある。このような音楽の用い方は，音楽のもたらすムードによって、視聴者にその後のエピソードの展開を予想させる効果を利用したものといえよう。

音楽と映像がもたらす視覚と聴覚の相互作用

音と映像を同時に提示することによって、単独では得られないさまざまな効果を生み出すことができる。このような効果が、視覚と聴覚（音と映像）の相互作用である。私の研究室では、視覚と聴覚の相互作用を探るために、一連の実験を行ってきた。音あるいは映像だけ提示した場合と、両者を一緒に提示した場合の印象の違いをもとに、視覚と聴覚の相互作用を捕らえてみた。その結果、視聴覚の処理レベルに応じて、種々のタイプの相互作用が認められた。図6は、さまざまなレベルにおいて生じる視覚と聴覚の相互作用を、模式的に示したものである。以下、各相互作用について説明する。

感覚の感受性（感度）の変化

最も下位のレベルで生じる相互作用は、感覚の感受性（感度）の変化に現れるものである（岩宮、一九九三）。例えば、再生音の低域、高域をカットすることにより、再生音の音質は劣化し、貧弱な音になる。音楽再生音だけを提示して、音質評価実験を行うと、この音質の劣化は明瞭に捕

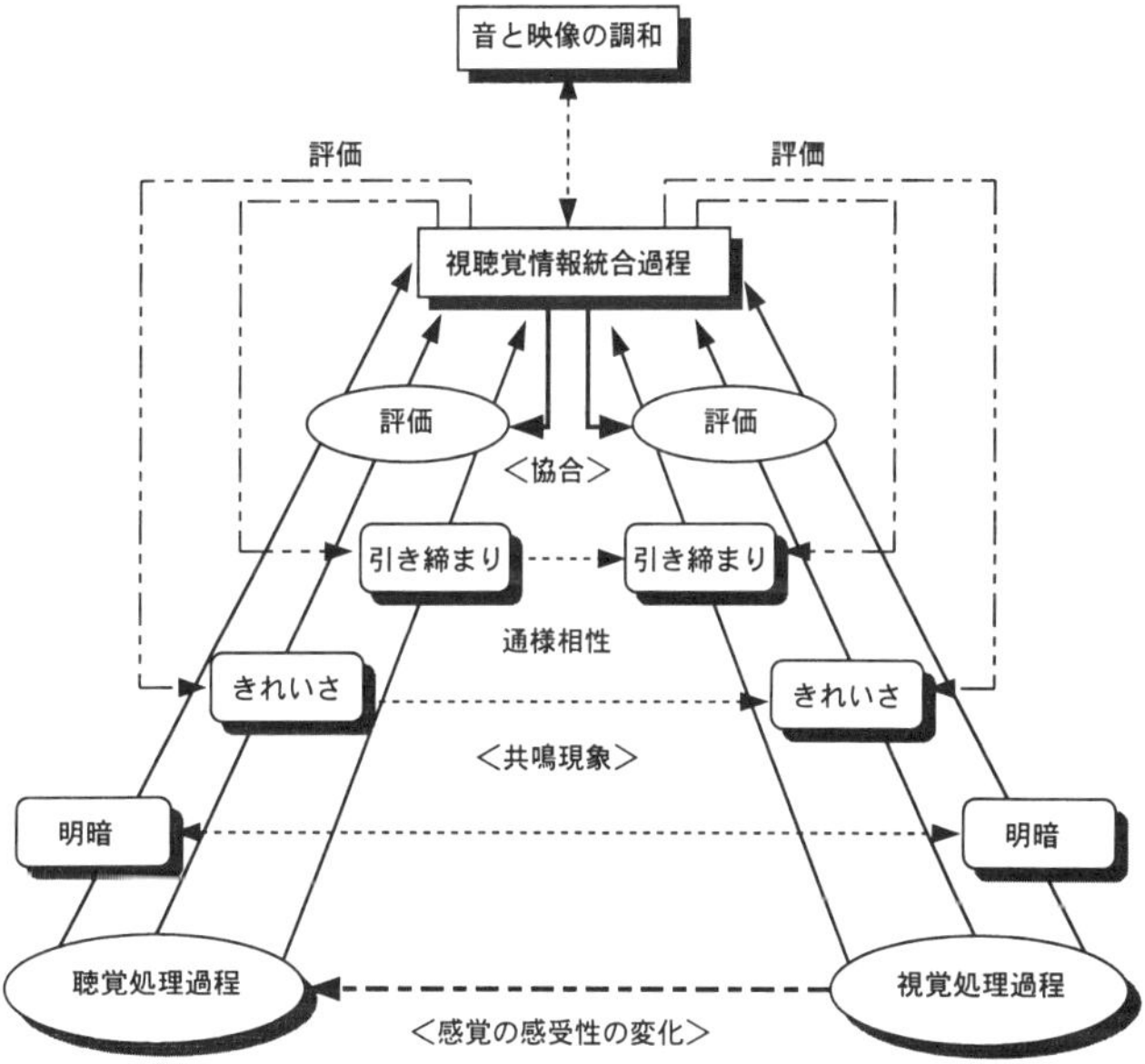

図 6　さまざまなレベルで生じる視覚と聴覚の相互作用

らえられる。しかし、映像を同時に提示したときには、聴覚系の音質の劣化に対する感度が鈍ってくる。その結果として、音質の劣化がわかりにくくなってしまう。映像情報は、あたかも、音質劣化を補償するかのように機能するのである。

この現象は、オリジナル素材でも組合せ素材でも認められた。このことは、この相互作用が、視聴覚情報の統合過程の介在しない低次のレベルで生じるものであることを示すものである。

森本ら（一九九〇）も、エコーの検知限に関する研究において、視覚刺激が聴覚の感受性の低下をもたらすことを指摘している。彼らは、リコーダ演奏の演奏音だけを提示した場合と、演奏風景を組み合わせた場合の、反射音の検知限を比較している。その結果、演奏風景の映像を提示することで、反射音の存在がわかりにくくなることが示された。演奏風景の視覚刺激が、反射音に対する聴覚系の感受性を低下させたのである。

共鳴現象（通様相性における相互作用）

もう少し上位の処理レベルでは、視覚と聴覚に共通して存在する心理的性質を通して生じるタイプの相互作用が存在する。例えば、「明るさ」という性質は、視覚だけではなく、聴覚にも共通して存在する。このような複数の感覚に共通して認められる心理的性質は、「通様相性」と呼ばれている（盛永、野口、一九六九）。

「様相」という言葉は，一つの感覚をほかの感覚から区別する性質のことをいう。聴覚とか，視覚とか，触覚とかは，それぞれ，一つの様相（モダリティ）なのである。通様相（インターモダリティ）は，別の感覚に共通したということになる。ちなみに，章のタイトルの「マルチモーダル」は，「複数の感覚の」（つまり，視覚と聴覚の）を意味する。

コーヘン（一九九三）は，この通様相性を通して，聴覚と視覚の間に相互作用が生じることを示している。コーヘンは，ボールがバウンドする様子の映像から受ける印象を，「楽しい―寂しい」の尺度を用いて測定した。バウンドの速さが速いほど，映像から楽しい印象を受ける。この映像に，テンポの遅い音楽と，テンポの速い音楽を組み合わせて，印象の変化を観測した。テンポの遅い音楽からは寂しい印象，テンポの速い音楽からは楽しい印象を受ける。

その結果，音楽の印象が映像の印象に影響を与えることが示された。例として，遅いバウンドとテンポの速い音楽が組み合わされた場合を考えてみよう。この場合には，もともと寂しい印象を持たれていた映像が，楽しい音楽によって楽しい印象を持たれるようになる。速いバウンドとテンポの速い音楽の組合せは，楽しい音楽が映像の楽しさを増大させる。

このように，視覚と聴覚に共通する「楽しい―寂しい」という通様相性を通して，互いの印象が影響を及ぼしあうのである。そして，聴覚による「楽しさ」が視覚の印象を「楽しくする」というように，通様相性が同方向に変化する現象が，特に「共鳴現象」と呼ばれている（丸山，一九六九）。

この共鳴現象を系統的に検討してみた結果、「引き締まり感」「きれいさ」「明るさ」の三つの側面において、共鳴現象の存在を確認できた（岩宮、一九九二）。ただし、通様相性は、その心理的性質に応じて、処理レベルが異なっている。そして、処理レベルに応じて、共鳴現象の生じ方にも差がみられる。

「明るさ」という性質は、視覚においても聴覚においても、比較的低次の処理レベルで捕らえられる性質である。この場合には、視覚と聴覚の情報を統合する機構の活動とはかかわりなく、共鳴現象が生じる。したがって、「明るさ」に関しては、音と映像の組合せとは関係なく、共鳴現象が観測される。実際に、「明るさ」に関する共鳴現象は、オリジナル素材でも組合せ素材でも生じていた。

「きれいさ」「引き締まり感」は、もう少し高次の処理レベルによってもたらされる性質である。この場合には、共鳴現象に、視聴覚情報の統合機構が介在してくる。したがって、任意の音と映像を組み合わせた組合せ素材では、共鳴現象は生じない。作者の意図のもとに、適切な音と映像が組み合わされたオリジナル素材でのみ、共鳴現象が生じるのである。

共鳴現象の特徴は、聴覚系から視覚系への（聴覚的明るさが視覚的明るさを増大させる）効果が大きいことである。視覚系から聴覚系への共鳴現象はあまり明瞭ではない。「明るさ」においては、双方向の共鳴現象が認められるが、「引き締まり」「きれいさ」では、共鳴現象は、聴覚から視覚への一方通行である。

また、共鳴現象が認められる条件では、表9に示すように、両方提示条件の回帰式の傾きが単独提示条件のものよりも大きいことがわかる。回帰式は、「v（映像の印象）$=\alpha a$（音の印象）$+\beta$」の関係を仮定してのものである。傾き（α）が大きくなるということは、音が映像の印象を変化させた度合いが、映像が音の印象を変化させた度合いよりも大きいことを意味する。この傾向も、聴覚優位を支持するものである。

音像定位などにおいては、音と映像の提示方向が異なる場合、音は映像の方向に引き寄せられることから、「視覚優位」であるといわれている（中林、一九八三）。これに対して、共鳴現象に関しては、明らかに「聴覚優位」の傾向がみられる。この結果は、情緒的な情報のコミュニケーションにおける「音」の役割の重要性を示唆するものである。

協合現象（総合的評価にみられる音と映像の相乗効果）

さらに、最上位の処理レベルでは、音と映像が一体のものとなって、音と映像をより印象的なものにする（評価を高める）協合現象も観測される（岩宮、一九九二）。

この協合現象は、音と映像の組合せに強く依存した相互作用である。オリジナル素材の場合には、ほとんどの場合、協合現象が観測される。しかし、組合せ素材の場合には、このような効果は生じない。さらに、音と映像の調和度の評価実験を行い、協合現象との関係を詳細に検討したところ、調和度が高いほど協合現象は顕著であることが示された。

協合現象は、視聴覚情報の統合機構において、適切な音と映像が組み合わされているという判断がなされた場合に生じるのである。適切に組み合わされた音と映像は、一つの表現として機能し、互いの効果を高め合う。この効果は、音および映像の総合的評価に反映される。協合現象により、音および映像の評価値は、単独で提示される場合よりも上昇する。

この実験結果は、オリジナル素材の作者が、効果的に音と映像を組み合わせていたことを証明したものでもある。特に作品としての完成度を意識して実験用素材を選択したわけではないが、やっぱり、なんの考えもなく組み合わせたものとは、歴然とした差が出てしまった。

マーシャルとコーヘン（一九八八）も、音と映像の相互作用に関する実験により、総合的評価に対する相互作用について検討している。視覚刺激は、大小の三角形と小さな丸が動き回る抽象的な映像作品で、聴覚刺激は、二種類のピアノの曲である（力強いものと弱々しいものとされている）。このような音楽と映像に対して、総合的評価、力動性、活動性に関する十二の尺度を用いた印象評価実験が行われた。

実験結果によると、活動性および力動性に関しては、視覚と聴覚の印象は直接作用し合う。活動的な音楽が映像作品を活動的な印象にし、力強い音楽が作品を力強くする。しかし、総合的評価に関しては、評価の高い音楽を組み合わせたからといって、映像の印象がよくなるとは限らない。音と映像の調和がとれていないと、評価がよくならないのである。この実験結果も、協合的相互作用が、視聴覚情報の統合機構の働きによるものであることを支持する。

音と映像の調和に関する制作者の意図の伝達

前節までにおいて、実際の映像作品の中で使われている音と映像の効果を論じてきた。制作者は、このような効果をねらって、作品を構成しているのである。それでは、制作者に選択された音と映像の組合せが、視聴者にとっても、最適な選択と受け止められるだろうか？　本節では、制作者から視聴者への音と映像の調和に関する意図の伝達について論じてみよう。

リプスコンブ（一九九〇）は、音と映像の組合せに関する制作者の意図が、どの程度視聴者に伝達できるものかを研究している。彼は、「スタートレックⅣ／故郷への長い道」の中の五つのシーンを素材として、最適な音と映像の組合せに関する実験を行った。彼は、五つの映像シーンと各シーンで使われている音楽をすべて組み合わせ、全部で二十五種類の映像と音楽の組合せを作っている。被験者は、各映像毎に、どの音楽がその映像にふさわしいものであるのかを選択した。

表10に、各音楽と映像の組合せごとに、最適であると選択された頻度数を示す。被験者十六人中、何人選択したかが示されている。対角線の組合せが実際の作品のものである。シーンにより多少ばらつきはあるが、過半数の判断が対角線に集中している。この映画では、レオナルド・ローゼンマンが音楽を担当しているが、彼が各シーンに合わせて作った音楽を、視聴者の過半数も、最適なものと判断したのである。一つの例を示しただけだが、この研究により、音と映像の組合せに関

表 10 リプスコンブの実験において音と映像の組合せが最適であると判断された頻度数

		映像				
		1	2	3	4	5
音楽	1	12	1	0	1	0
	2	1	11	0	3	0
	3	0	0	8	0	0
	4	3	4	4	8	3
	5	0	0	4	4	13

して制作者の意図するものが視聴者に伝達されていることが示されたわけである。

同様の問題は、音楽演奏家から聴取者への音楽情報の伝達においても存在する。演奏家は、自らの演奏意図を表現するにあたって、体の動きなどの視覚的要素の助けを借りている。佐久間と大串（一九九四）は、演奏者の視覚的表現が演奏者の意図の伝達に役立つのかどうかを検討している。打楽器奏者でもある佐久間は、さびしげに、楽しげに、表情豊かに、勢いのある、重々しく、あっさりとの表現意図を持って演奏を試みた。この演奏風景と演奏音を収録し、演奏音だけ、演奏風景だけ、両方組み合わせての三条件で、演奏意図がどの程度伝わったかの印象評価実験を行ったのである。

各表現間で平均すると、演奏音だけの伝達度は約六十六パーセント、演奏風景だけの伝達度は六十二パーセントだが、両方組み合わせると伝達度は七十三パーセントになる。視聴覚の情報を組み合わせた条件では、各単独の情報よりも、演奏者の意図がより明確に伝わていることがわかる。この結果は、視覚情報が演奏意図の伝達に効果的であることを示すものである。

むすび

本章では、音と映像を巡るさまざまな議論を展開してきた。映像に伴う音が果たす役割を理解してもらえただろうか。

今日、視聴覚コミュニケーションは、「マルチメディア」というキーワードのもとに、新たな局面を迎えつつある。音と映像を自在に操れるマルチメディアにおいては、いかに効果的に視聴覚情報を用いるかが問われている。

そういった立場からも、音と映像を巡る諸問題は、重要な意味を持っている。感性情報の担い手としてのマルチメディアの存在を考えたとき、より効果的な音と映像の利用が求められる。現状では、どうしても映像メディアが先行している感が否めないが、「音」の重要性をもっと訴えていきたい。

9　音と景観の相互作用

サウンドスケープ・デザインの評価

現在、さまざまな地域でサウンドスケープ・デザインが試みられている。その実例については、2章で紹介した。これらは、実際、音を利用して、さまざまな演出効果を生み出している。

本章では、こういったサウンドスケープ・デザインを施した場合、どのような効果が生じるのかを、科学的手法で得られたデータに基づいて検討する。

サウンドスケープ・デザインの効果を系統的に論じるためには、ビデオを用いたシミュレーション実験が有効である。例えば、サウンドスケープ・デザインが景観の印象に及ぼす影響を調べるといった実験である。逆に、景観が音の印象に及ぼす影響を検討することもできる。

このような実験を現場で行って、検討することも不可能ではない。しかし、実際の現場の状況というのは、決して一定ではない。音や景観の印象評価実験を行ったとしても、別の要因が作用することを覚悟しなければならない。屋外であれば、気象条件によっては、実験そのものができなくなることもある。場合によっては、危険が伴うこともある。

その点、シミュレーション実験では、一定の条件のもと、音がある場合とない場合の違いなど、安全な状況下で、比較検討が可能である。音が景観の一構成要素としてどのような機能を果たすのか、また、さまざまな景観の中で、音の意味がどのように変容していくのかを検討することができる。

シミュレーション実験では、ビデオなどを用いた視覚刺激の臨場感が問題となる。やっぱり、現場とは雰囲気が違うのである。しかし、最近では、高品質のビデオ・プロジェクタもあり、かなり現実に近い状態で実験ができるようになりつつある。

本章では、まず、都市公園の景観と音環境の相互作用に関する実験を紹介する。さらに、スーパーマーケットにおけるBGMの効果、カー・オーディオにおける音楽と景観の相互作用に関する実験も紹介する。いずれも、私の研究室で取り組んだ実験である。

都市公園における景観と音環境の相互作用

この実験（岩宮、細野、福田、一九九二）では、福岡市内の都市公園の中から、特徴的な景観を備えた地域を五か所選び、構図を固定して、ビデオ・カメラで撮影し、景観刺激とした。

これらの景観に付加する音は、これまでに実際にサウンドスケープ・デザインが試みられている例を参考にして選んだ。自然音として、鳥の声、虫の声、音楽系の音として、室内楽（アルビノーニ）、環境音楽（モーガン・フィッシャー──ニュー・エイジ・ミュージックとも呼ばれる）、オルゴール（ディスク式の大型のもの）の五種類である。

以上の五種類の景観と付加音を組み合わせ、付加音により景観の印象がどのように変化するのか、および、付加音に対する印象が景観によりどのように変化するのかを印象評価実験により検討した。あわせて、景観と付加音の組合せの調和度の評価実験も行った。景観は二十九型テレビ、音はスピーカによって提示した。

さまざまな音環境条件に依存して、景観の印象が変化する様子、および各景観条件に依存して、付加音の印象が変化する様子を観測することができた。

音と景観が調和している場合には、落ち着いた印象の音楽が景観の印象を落ち着いたものにするなど、共鳴現象が生じやすいことが見いだされた。見方を変えれば、共鳴現象がみられるような音と景観の組合せが、調和が感じられるような組合せになりやすいのである。共鳴現象とは、8章で紹介したように、視覚と聴覚の相互作用の一種で、視覚と聴覚に共通する性質（通様相性）を互いに強調し合う現象である。

共鳴現象は、聴覚から視覚への方向の方が顕著で、落ち着き、活動性、自然性、個性といった心理的側面において、音楽が景観の印象を強調している例がみられた。

また、音を付加することにより、景観の開放感や自然性の差が狭められたりする傾向から、音が景観の印象を均一化する機能を持つことが示された。この機能は、サウンドスケープ・デザインにおいて、実際に演出音の導入を図るときに、注意しなければならない問題である。音をうまく使えば、景観に統一感を与えることができる。しかし、使い方を誤ると、多様な印象を持たれる要素によって構成される景観を、均一化（悪い意味で）しかねない。

音楽の印象に対しても、景観が付加されると平凡なものになる傾向がみられ、景観が、音のイメージを固定化する機能を持っていると考えられる。音を周囲とのかかわりの中で流そうとしたとき、こういった観点からの注意も必要である。

また、オルゴール、環境音楽、室内楽の音楽系の付加音は、共鳴現象や景観の自然性を狭める機能、さらには、景観を個性的にする機能など、自然音に比べて、系統的に景観の印象を変化させることができる。音楽を演出音として使う試みは、すでに、いろいろな場所で行われているが、このときに、音が景観の印象を規定する機能も十分に考慮しなければならないことが、改めて確認された。

スーパーマーケットにおけるＢＧＭが売場空間の印象に与える効果

現在、デパートやスーパーマーケットのような大規模商業施設においては、たいてい、ＢＧＭが流れている。音楽によって、店の雰囲気を演出し、顧客に快適な環境を提供しようというのであろう。

実際、このような音楽が、顧客の滞在時間を延ばし、売り上げを増加させることが明らかにされている（芋阪、一九九二）。また、店の雰囲気作りにもおおいに貢献することが、経験的に知られている。さらに、ＢＧＭには、店内空間の印象をコントロールする機能もある。

本節では、映像を用いたシミュレーション実験により、ＢＧＭがスーパーマーケットの店内空間の印象に及ぼす影響を調べた実験を紹介する（岩宮、牧野、前田、一九九九）。

この実験は、あるスーパーマーケット店内のいくつかの特徴的な空間の映像とＢＧＭを実験室内で組み合わせ、その空間の印象評価実験を行ったものである。店内の映像は、液晶プロジェクタにより大型スクリーンに提示した。

図7に、各空間（各空間と各ＢＧＭの組合せ）の印象を示す。空間の印象は、にぎわい、安心感を横軸、縦軸とする平面上で捕らえた。図中の二桁の数字のうち、上位の桁（左側）は空間、下位の桁（右側）はＢＧＭ条件を示す番号である。

図によると、各刺激の布置は、おおむね下位の数字ごとにまとまっている様子がみられる。この傾向は、ＢＧＭが、空間の印象を規定していることを示すものである。ＢＧＭを流さない条件（6）を基準にすると、用いたＢＧＭは、空間の印象を「にぎやかな」「安心感のある」ものにする傾向がある。

特に、にぎやかな印象を生じさせるＢＧＭは、1および4である。いずれもアップテンポの力強い音楽で、空間をにぎやかに演出するのにもってこいの音楽といえるだろう。ただし、スローテンポのＢＧＭ2は、わずかではあるが、ＢＧＭを流さない条件（6）よりも、空間の印象を「静かに」する。

一方、安心感のある印象を生じさせるＢＧＭは、2、3、5である。これらの曲の落ち着いた雰囲気が、空間を「安心感がある」ものと感じさせる要因になっている。

以上のように、ＢＧＭは、空間の印象に系統的な影響を与えているようである。これらの効果も、一種の共鳴現象と考えられる。このような効果を用いて、空間の演出にＢＧＭが利用できる。

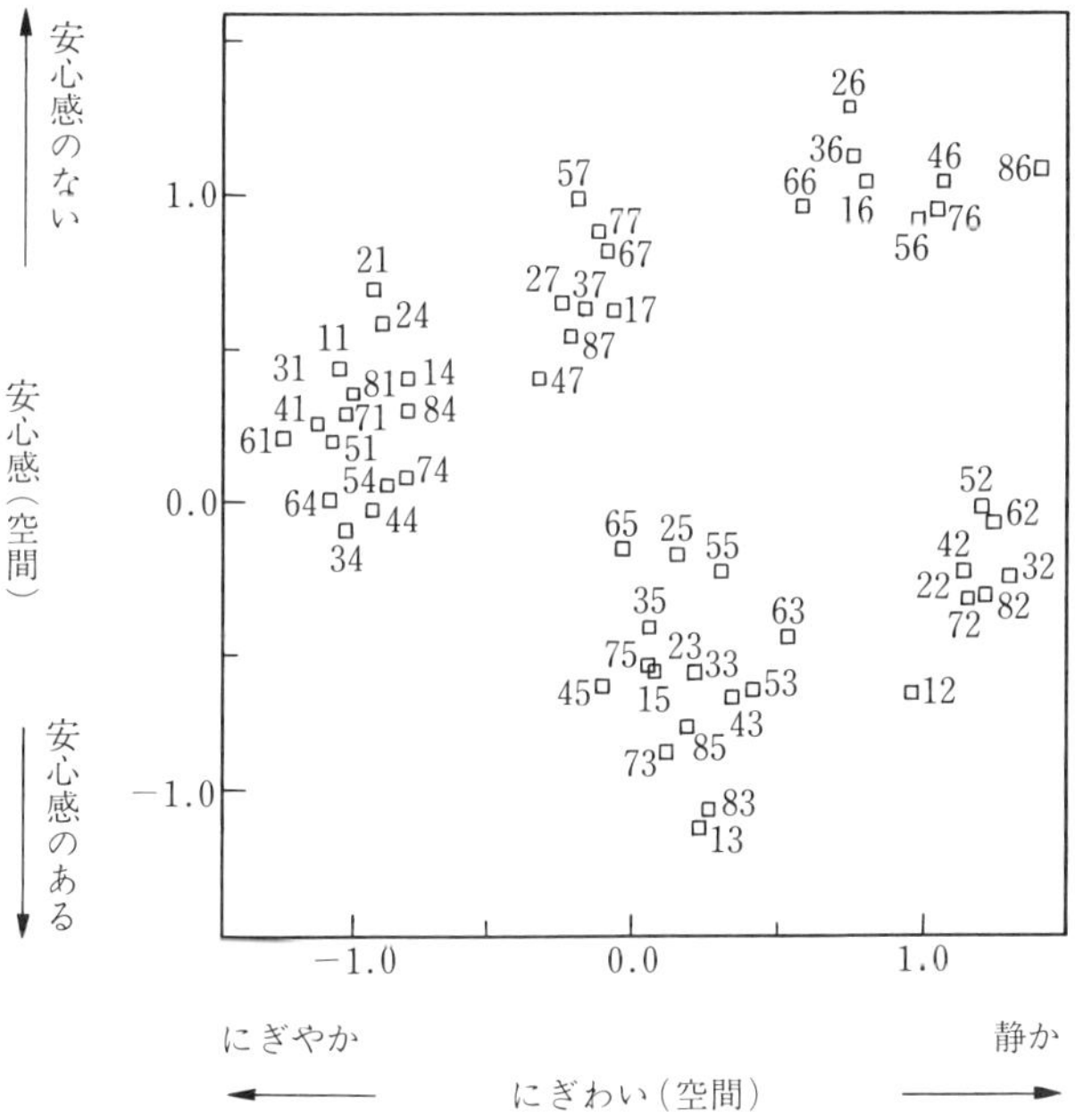

図 7　BGM を組み合わせたときのスーパーマーケットの売場空間の印象

カー・オーディオにおける視覚と聴覚の相互作用

栗本の著書「さぁクルマで出かけよう」によると、「自動車というのは、単なる輸送のための道具ではなく、身体感覚を拡大し、それによって快感を得るための道具である」と指摘されている。確かに、われわれは、自動車を運転するとき、同乗するとき、車との一体感、疾走感を味わいながら、移り変わる景色を楽しむことができる。

カー・オーディオから流れてくる音楽は、ドライブの楽しみをさらに高めてくれる。移り変わる景色と音楽の相乗的効果によって、より快適なドライブを楽しむことができる。カー・オーディオを通して聴取する音楽が、車外の眺めをより快適な景観へと変容させる。また、車外の眺めが、聴取している音楽をより印象的なものにする。

本節では、車外の景観の印象に対する音楽の影響を印象評価実験によって明らかにした実験を紹介する（岩宮、杉本、一九九六）。この実験も、ドライブ中にカー・オーディオを楽しんでいる状況をオーディオ装置による音楽再生音と液晶プロジェクタによる映像を用いてシミュレーションしたものである。

各音楽条件における各景観の印象を図8に示す。音楽刺激10は、音楽なしの条件である。景観の印象は、快適性、力動感、軽快感の三つの側面で捕らえた。

「快適性」において、各景観とも、一般に、音楽のないときに比べて、音楽のあるときのほうが快適な印象になっている。特に、快適さを高める効果の大きい音楽は、5、7、9である。これらの音楽は、「落ち着いた」印象をもたらす音楽である。テンポも遅い。

「力動感」においては、一般に、景観の印象は、音楽を加えることで、「活気のある」ものになる。特に、この傾向は、音楽3、4、8で顕著である。これらの音楽は、「落ち着きのない」印象

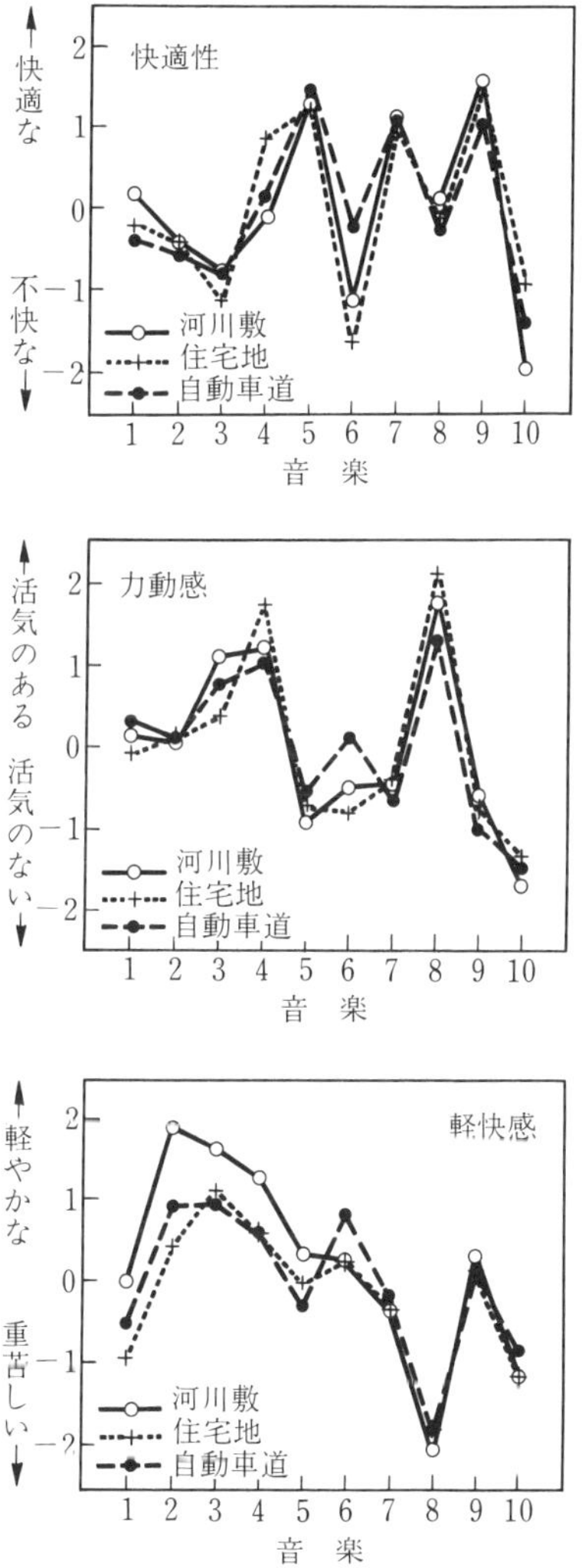

図8 音楽を組み合わせたときの車外の景観の印象

を持たれる音楽である。一般に、テンポも速い。「軽快感」においては、音楽1、8を除いて、音楽を加えることで、景観の印象が「軽やかに」なる傾向がみられる。音楽1に関しては、景観の印象にほとんど影響を与えていない。音楽8は、景観の印象を「重苦しく」する効果がある。音楽8は、音楽の印象自体も、「重苦しい」ものである。

この実験においても、共鳴現象が、大きな役割を果たしていることがわかる。

む す び

以上、演出性の音（主に、音楽であるが）を付加することが、景観や空間の印象にどのように影響するのかを、ビデオを用いたシミュレーション実験で検討してきた。これらの実験により、音は景観や空間の印象に系統的に作用することが明らかにされた。音を巧みに使うことにより、景観や空間を効果的に演出することが可能である。特に、「共鳴現象」の使い方がカギであろう。

10　音の生態学・最終章

日本でただ一つ音響設計学科を有する九州芸術工科大学で「音」の専門家を志して以来、三十年近い月日が過ぎてしまった。その間、いろんな場面での「音」に興味をいだき、研究対象として深く付き合ってきた。

伝統的な意味での「音響学」を中心とした教育を受けたが、人間とのかかわりに興味を抱き「音響心理学」的立場の研究に従事する。さらに、サウンドスケープの思想の影響を受けたり、映像や景観といった視覚情報とかかわる「音」の問題にも取り組み始めた。

その結果、自分の専門としている分野を紹介するのに、従来の「音響学」「音響心理学」といった枠組みでは、しっくりこなくなってきた。

そんな訳で、「音の生態学」という概念を持ち出してきたのである。私は、「音の生態学」を、さまざまな場面における音と人間のかかわりを総合的に論じるための学問と位置づける。「音の生態学」という学問的枠組みは、いまのところ、自分の取り組んでいるテーマを最も的確に表しているのではないかと思う。

人間との関係で「音」を相手にするとき、単に音の物理的性質を解き明かすだけでは不十分である。音によって生じる感覚、知覚、認知も考えなければならない。音の生態学は、さらに、その音と音を聞く人間の文化的背景までを相手にする。

音の生態学は、まさに、学際的領域なのである。さまざまな分野とかかわりながら、発展していく学問領域である。既成の方法論が通用しない難しさはあるが、未知の領域へ分け入るスリルと、いろんな分野への広がりを堪能できる。

本書では、音の生態学の考え方とその特徴を紹介するとともに、さまざまな活動の事例を紹介してきた。音に関する啓蒙活動、音環境のデザイン、音名所選定事業など、身近な音を意識し、良好な音環境を保全していこうという気運の高まりを実感していただけただけただろうか。

私の研究室では、「音の生態学」の立場から、さまざまな研究を行ってきた。本書でも紹介したように、都市公園の中で聞く音、俳句の中に詠まれた音、外国人が聞いた日本の音、映像の中の音、風景の中の音など、さまざまな場面における音と人間のかかわりを研究対象としている。微力ではあるが、われわれの研究が、この分野の発展に多少なりとも貢献できればと思う。

身近な生活の中の音を対象とするのが、「音の生態学」の身上である。そのため、取り上げる対象が私に身近な福岡周辺の話題が多くなってしまったことを，お許しいただきたい。ただし，取り上げたトピックは，十分ご理解いただけるものと思う。

それでも，本書で取り上げた話題を福岡で確かめたいと思われた方は，歓迎申し上げる。福岡は，近代的な都市生活と自然にあふれた環境を同時にエンジョイできる素敵な街である。グルメな方にも，満足いただけると思う。音風景を味わうことも，お忘れなく。

耳にはふたがない。われわれは，生きている限り，音を聞き続ける。音の生態学は，そんな「音」と付き合うすべを教えてくれる。日常生活で聞く音はもとより，文芸の世界からマルチメディアまで，音の生態学が扱う音の世界は幅広い。

読者の方々には，本書を通して，音というものがいかに我々の生活と密着しているかを，いま一度理解していただきたい。本書によって，音に対する興味を深めていただければ，本望である。いつの日か，音のロマンを語り合いましょう。「音友達（おともだち）」として。

本書で紹介した私の研究室の成果は，多くの卒業生の協力によって得られたものである。個人名をいちいち挙げることはしないが，皆さんに心より感謝申し上げたい。本書で取り上げなかったテーマに取り組んでくれた卒業生もいるが，おおいに参考にさせていただいた。等しく，感謝したい。

また，本書をまとめるにあたって著書を参考にさせていただいたり，図や写真の引用を許可下さった方々にも、深謝したい。参考文献にあげた著書は、本書に興味を持っていただいた読者の皆様にも、ぜひお勧めする。

福島大学の永幡幸司助教授（現在は、准教授）には、本書の草稿段階で貴重な示唆をいただいた。あらためて感謝申し上げる。

本書をこのような形で出版できるのは、コロナ社のおかげである。この場を借りて、感謝申し上げたい。

参考文献

マリー・シェーファー：『世界の調律――サウンドスケープとはなにか――』、平凡社、一九八六年
鳥越けい子：『サウンドスケープ』、鹿島出版会、一九九七年
鳥越けい子、瀬尾文彰ら（小川博司ら 編著）：『波の記譜法』、時事通信社、一九八六年
マリー・シェーファー：『サウンドエデュケーション』、春秋社、一九九二年
今西錦司：『自然学の提唱』、講談社、一九八六年
養老孟司：『脳の冒険　こころ・からだ・社会――好奇心の散歩道』、三笠書房、一九九五年
平松幸三（古川　彰、大西行雄 編）：『環境イメージ論』、弘文社、一九九二年
中村ひさお、竹下茂：〝公共空間における音環境デザイン～札幌高架下屋内街路 音の遊歩道～〟、日本音響学会騒音・振動研究会資料、N－九六－五、一九九六年
吉村　弘：『都市の音』、春秋社、一九九〇年
ＮＨＫ世論調査部編：『日本人の好きなもの』、日本放送出版協会、一九八四年
『日本大歳時記』、講談社出版、一九八一年
朝日新聞学芸部 編：『朝日俳壇八二～九二』、朝日ソノラマ、一九八二～一九九二年
『九州沖縄ふるさと大歳時記』、角川書店、一九九一年
中島義道：『うるさい日本の私』、洋泉社、一九九六年
山岸美穂：〝耳の証人、エドワード・Ｓ・モース　明治、日本の〈音風景〉と〈生活世界〉をめぐって〟、

慶應義塾大学大学院社会学研究紀要、三三号、一九九一年
E・S・モース（石川欣一訳）：『日本その日その日1、2、3』、平凡社、一九七〇～一九七一年
中川　真：『平安京　音の宇宙』、平凡社、一九九二年
栗本慎一郎：『さぁクルマで出かけよう』、光文社、一九八九年
芋阪良二　編著：『新訂環境音楽――快適な生活空間を作る――』、大日本図書、一九九二年

〈著者によるもの〉
岩宮眞一郎：〝福岡市の音環境モデル都市事業〟、日本サウンドスケープ協会会報、一二号、一九九八年
岩宮眞一郎、中村ひさお、佐々木實：〝都市公園のサウンドスケープ――福岡市植物園におけるケース・スタディ――〟、騒音制御、一九巻四号、一九九五年
岩宮眞一郎、永幡幸司：〝俳句の中の音とその音が聞かれた状況の関係〟、騒音制御、二一巻三号、一九九六年
永幡幸司、前田耕造、岩宮眞一郎：〝歳時記に詠み込まれた音環境の時代変遷の統計的分析〟、日本音響学会誌、五二巻二号、一九九六年
岩宮眞一郎：〝歳時記に詠み込まれた九州・沖縄の音風景〟、芸術工学会誌、一三号、一九九七年
岩宮眞一郎、岡　昌史：〝外国人が聞いた日本の音風景――福岡在住の外国人に対する音環境調査――〟、日本生理人類学雑誌、三巻一号、一九九八年
岩宮眞一郎、柳原麻衣子：〝福岡市在住のアジア系留学生に対する環境音調査〟、騒音制御、二三巻四号、一九九九年

岩宮眞一郎：〝「しずけさ」の特徴〟、ＪＡＳジャーナル、三六巻一二号、一九九六年
前田耕造、岩宮眞一郎：〝歳時記に詠み込まれた「しずけさ」の特徴を探る〟、環境工学総合シンポジウム'94講演論文集、一九九四年
岩宮眞一郎：〝音楽と映像によるマルチモーダル・コミュニケーション〟、日本音響学会誌、五二巻一号、一九九六年（８章で引用したほかの参考文献は、この論文に示している）
岩宮眞一郎、細野晴雄、福田　昭：〝音環境と景観の相互作用――景観の印象に及ぼす音環境の影響と音環境の印象に及ぼす景観の影響――〟、生理人類誌、一一巻一号、一九九二年
岩宮眞一郎、牧野剛己、前田耕造：〝スーパーマーケットにおけるＢＧＭが売場空間の印象に与える効果――ビデオによるシミュレーション実験〟、サウンドスケープ、一巻、一九九九年
岩宮眞一郎、杉本誠：〝カー・オーディオにおける視覚と聴覚の相互作用――映像によるシミュレーション実験――〟、日本音響学会春期研究発表会講演論文集、一九九六年

音の生態学
—— 音と人間のかかわり ——

2000年6月8日 初版第1刷発行
2009年5月25日 初版第3刷発行

検印省略

著　者　岩《いわ》宮《みや》眞《しん》一《いち》郎《ろう》
発行者　株式会社　コロナ社
　　　　代表者　牛来辰巳
印刷所　新日本印刷株式会社

112-0011 東京都文京区千石4-46-10
発行所　株式会社　コロナ社
CORONA PUBLISHING CO., LTD.
Tokyo Japan
振替 00140-8-14844・電話（03）3941-3131（代）
ホームページ http://www.coronasha.co.jp

ISBN 978-4-339-07694-3　（大井）　（製本：グリーン）
Printed in Japan

新コロナシリーズ

発刊のことば

西欧の歴史の中では、科学の伝統と技術のそれとははっきり分かれていました。それが現在では科学技術とよんで少しの不自然さもなく受け入れられています。つまり科学と技術が互いにうまく連携しあって今日の社会・経済的繁栄を築いているといえましょう。テレビや新聞でも科学や新しい技術の紹介をとり上げる機会が増え、人々の関心も大いに高まっています。

反面、私たちの豊かな生活を目的とした技術の進歩が、そのあまりの速さと激しさゆえに、時としていささかの社会的ひずみを生んでいることも事実です。

これらの問題を解決し、真に豊かな生活を送るための素地は、複合技術の時代に対応した国民全般の幅広い自然科学的知識のレベル向上にあります。

以上の点をふまえ、本シリーズは、自然科学に興味をもたれる高校生なども含めた一般の人々を対象に自然科学および科学技術の分野で関心の高い問題をとりあげ、それをわかりやすく解説する目的で企画致しました。また、本シリーズは、これによって興味を起こさせると同時に、専門分野へのアプローチにもなるものです。

●投稿のお願い

「発刊のことば」の趣旨をご理解いただいた上で、皆様からの投稿を歓迎します。

パソコンが家庭にまで入り込む時代を考えれば、研究者や技術者、学生はむろんのこと、産業界の人も家庭の主婦も科学・技術に無関心ではいられません。

このシリーズ発刊の意義もそこにあり、したがって、テーマは広く自然科学に関するものとし、高校生レベルで十分理解できる内容とします。また、映像化時代に合わせて、イラストや写真を豊富に挿入し、できるだけ広い視野からテーマを掘り起こし、科学はむずかしい、という観念を読者から取り除き興味を引き出せればと思います。

●体　裁

判型・頁数：B六判　一五〇頁程度

字詰：縦書き　一頁　四四字×十六行

なお、詳細について、また投稿を希望される場合は前もって左記にご連絡下さるようお願い致します。

●お問い合せ

コロナ社「新コロナシリーズ」担当

電話（〇三）三九四一-三一三一

新コロナシリーズ

（各巻B6判）

	書名	著者	頁	定価
1.	ハイパフォーマンスガラス	山根正之著	176	1223円
2.	ギャンブルの数学	木下栄蔵著	174	1223円
3.	音戯話	山下充康著	122	1050円
4.	ケーブルの中の雷	速水敏幸著	180	1223円
5.	自然の中の電気と磁気	高木相著	172	1223円
6.	おもしろセンサ	國岡昭夫著	116	1050円
7.	コロナ現象	室岡義廣著	180	1223円
8.	コンピュータ犯罪のからくり	菅野文友著	144	1223円
9.	雷の科学	饗庭貢著	168	1260円
10.	切手で見るテレコミュニケーション史	山田康二著	166	1223円
11.	エントロピーの科学	細野敏夫著	188	1260円
12.	計測の進歩とハイテク	高田誠二著	162	1223円
13.	電波で巡る国ぐに	久保田博南著	134	1050円
14.	膜とは何か ―いろいろな膜のはたらき―	大矢晴彦著	140	1050円
15.	安全の目盛	平野敏右編	140	1223円
16.	やわらかな機械	木下源一郎著	186	1223円
17.	切手で見る輸血と献血	河瀬正晴著	170	1223円
18.	もの作り不思議百科 ―注射針からアルミ箔まで―	JSTP編	176	1260円
19.	温度とは何か ―測定の基準と問題点―	櫻井弘久著	128	1050円
20.	世界を聴こう ―短波放送の楽しみ方―	赤林隆仁著	128	1050円
21.	宇宙からの交響楽 ―超高層プラズマ波動―	早川正士著	174	1223円
22.	やさしく語る放射線	菅野・関共著	140	1223円
23.	おもしろ力学 ―ビー玉遊びから地球脱出まで―	橋本英文著	164	1260円
24.	絵に秘める暗号の科学	松井甲子雄著	138	1223円
25.	脳波と夢	石山陽事著	148	1223円
26.	情報化社会と映像	樋渡涓二著	152	1223円
27.	ヒューマンインタフェースと画像処理	鳥脇純一郎著	180	1223円
28.	叩いて超音波で見る ―非線形効果を利用した計測―	佐藤拓宋著	110	1050円
29.	香りをたずねて	廣瀬清一著	158	1260円
30.	新しい植物をつくる ―植物バイオテクノロジーの世界―	山川祥秀著	152	1223円

31.	磁石の世界	加藤哲男著	164	1260円
32.	体を測る	木村雄治著	134	1223円
33.	洗剤と洗浄の科学	中西茂子著	208	1470円
34.	電気の不思議 —エレクトロニクスへの招待—	仙石正和編著	178	1260円
35.	試作への挑戦	石田正明著	142	1223円
36.	地球環境科学 —滅びゆくわれらの母体—	今木清康著	186	1223円
37.	ニューエイジサイエンス入門 —テレパシー，透視，予知などの超自然現象へのアプローチ—	窪田啓次郎著	152	1223円
38.	科学技術の発展と人のこころ	中村孔治著	172	1223円
39.	体を治す	木村雄治著	158	1260円
40.	夢を追う技術者・技術士	CEネットワーク編	170	1260円
41.	冬季雷の科学	道本光一郎著	130	1050円
42.	ほんとに動くおもちゃの工作	加藤孜著	156	1260円
43.	磁石と生き物 —からだを磁石で診断・治療する—	保坂栄弘著	160	1260円
44.	音の生態学 —音と人間のかかわり—	岩宮眞一郎著	156	1260円
45.	リサイクル社会とシンプルライフ	阿部絢子著	160	1260円
46.	廃棄物とのつきあい方	鹿園直建著	156	1260円
47.	電波の宇宙	前田耕一郎著	160	1260円
48.	住まいと環境の照明デザイン	饗庭貢著	174	1260円
49.	ネコと遺伝学	仁川純一著	140	1260円
50.	心を癒す園芸療法	日本園芸療法士協会編	170	1260円
51.	温泉学入門 —温泉への誘い—	日本温泉科学会編	144	1260円
52.	摩擦への挑戦 —新幹線からハードディスクまで—	日本トライボロジー学会編	176	1260円
53.	気象予報入門	道本光一郎著	118	1050円
54.	続もの作り不思議百科 —ミリ，マイクロ，ナノの世界—	JSTP編	160	1260円
55.	人のことば，機械のことば —プロトコルとインタフェース—	石山文彦著	118	1050円

定価は本体価格+税5%です。
定価は変更されることがありますのでご了承下さい。

図書目録進呈◆